図説 世界史を変えた50の武器

Fifty Weapons that changed the course of History

ジョエル・レヴィ
Joel Levy

伊藤綺 訳
Aya Ito

◆著者略歴

ジョエル・レヴィ（Joel Levy）

歴史と科学を専門とする作家、ジャーナリスト。十数冊におよぶ著書には、『ニュートンのノート』、『偉大な科学者、狂気の科学』（偉大な発明家や科学者の狂気、魔術、神秘主義にまつわる知られざる歴史）、『世界の終焉へのいくつものシナリオ』（中央公論新社）（文明終焉のシナリオを説いた手引書）、『失われた歴史的財宝』などがある。また、全国紙に特集記事や論文を寄稿しているほか、全国ネットテレビ番組や、多数のローカルおよび全国ネットラジオ番組にも出演。科学と医学の歴史を長年にわたり研究しており、生物科学の理学士号と心理学の修士号を取得している。

◆訳者略歴

伊藤綺（いとう・あや）

翻訳家。おもな訳書に、ジェレミー・スタンルーム『図説世界を変えた50の心理学』、クライヴ・ポンティング『世界を変えた火薬の歴史』、チャールズ・ペレグリーノ『タイタニック――百年目の真実』、チャールズ・ストロング『狙撃手列伝』、トマス・クローウェル『図説蛮族の歴史――世界史を変えた侵略者たち』、スラヴァ・カタミーゼ『ソ連のスパイたち――KGBと情報機関［1917 - 1991年］』（以上、原書房）などがある。

図説（ずせつ）
世界史（せかいし）を変（か）えた
50の武器（ぶき）

●

2015年2月15日　第1刷

著者………ジョエル・レヴィ
訳者………伊藤綺（いとうあや）

装幀………川島進（スタジオ・ギブ）
本文組版………株式会社ディグ

発行者………成瀬雅人
発行所………株式会社原書房
〒160-0022　東京都新宿区新宿1-25-13
電話・代表03(3354)0685
http://www.harashobo.co.jp
振替・00150-6-151594
ISBN978-4-562-05109-0

図説 世界史を変えた 50の武器

ジョエル・レヴィ
Joel Levy
伊藤綺 訳
Aya Ito

Fifty Weapons that changed the course of History

原書房

目　次

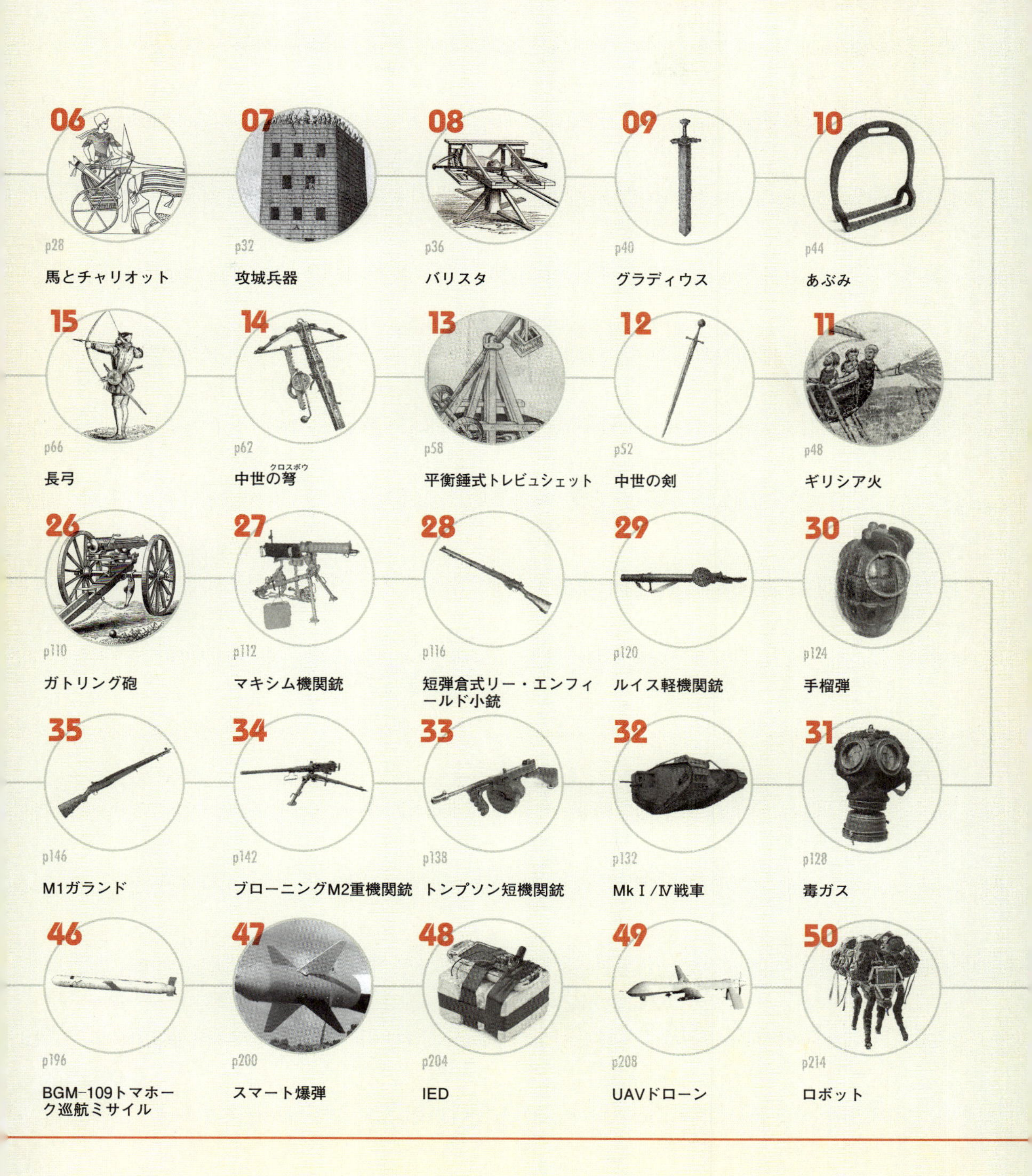

06
p28
馬とチャリオット
07
p32
攻城兵器
08
p36
バリスタ
09
p40
グラディウス
10
p44
あぶみ
11
p48
ギリシア火
12
p52
中世の剣
13
p58
平衡錘式トレビュシェット
14
p62
中世の弩（クロスボウ）
15
p66
長弓
26
p110
ガトリング砲
27
p112
マキシム機関銃
28
p116
短弾倉式リー・エンフィールド小銃
29
p120
ルイス軽機関銃
30
p124
手榴弾
31
p128
毒ガス
32
p132
MkⅠ/Ⅳ戦車
33
p138
トンプソン短機関銃
34
p142
ブローニングM2重機関銃
35
p146
M1ガランド
46
p196
BGM-109トマホーク巡航ミサイル
47
p200
スマート爆弾
48
p204
IED
49
p208
UAVドローン
50
p214
ロボット

50

世界を変えた 50の武器

ジョン・ネイピア（1550-1617年）は死の床で、「人類を破壊し滅亡させるために、すでにあまりに多くの装置が考案され」ていると嘆き、技術力や科学力が人殺しの商売に応用されていることにはっきりと嫌悪感を示したといわれている。（ネイピアの訴えが空々しく聞こえるのは、この男自身が狭量な嫌悪感にかられ、奇妙で恐ろしい「人類を破壊し滅亡させるための装置」を山ほど考案したからだ。そうした装置には、「水中を航行する装置（…）火縄銃兵を敵のまっただなかに引き入れる密閉式の強化馬車（…）（そして）戦場の4マイル四方にある（足より上の高さの生き物すべてを）一掃するようつくられた（…）大砲の砲弾の一種」などがあり、発明者のネイピアによれば、この砲弾を使って、ひとりのキリスト教徒も危険にさらすことなく、3万人のトルコ人を殺すことができたということである。ロバート・チャンバーズ『スコットランドの国内年代記（Domestic Annals of Scotland)』より）

本書は戦争と殺戮を賛美するのではなく、武器の芸術と技術を称賛し、有名無名にかかわらず、古代から現代までの兵器製造者の創造性と創意工夫をたたえることを意図している。歴史上もっとも重要な50の武器を考察することで、技術がいかに戦争を変え、ひいては人類のその後の歴史を変えていったかを検証していく。

戦争は歴史の方向性を決める最大の要因ではないかもしれないが——その影響力が経済や地理学、一個人の俳優などにくらべてどの程度かは議論にゆだねるとして——、主要な要因のひとつであることは明らかであり、そしておそらくもっともわかりやすく、またその影響を容易にたどれるものであるのはたしかだろう。したがって戦争の道具は歴史において重要な要因であり、とりわけこうした道具の発達が、漸進的なものであれ革命的なものであれ、戦闘の結果に重大な影響をおよぼす場合はなおのことである。そこで本書では、特定の兵器を詳細に調べ、その発達の技術的側面やメカニズム、効果を探っていくが、その範囲はかなり広く、歴史の壮大なテーマや画期的な変化、その根底にある流

「死の床である友人に［秘密兵器の］発明を明らかにするよう求められると、彼はこう答えた——人類を破壊し滅亡させるために、すでにあまりに多くの装置が考案されており、それを減らすことができるなら、わたしは全力でそのように努力するだろう。人類の心に根ざす悪意と敵意を考えれば、減ることはないだろうが、わたしはどうあっても、その数はけっして増やすべきではないと考えている」

トマス・アーカートによる、ジョン・ネイピア（スコットランドの数学者、武器発明家）の最期の言葉の報告

れにまでおよんでいる。たとえば槍の歴史からは、地球での人間のコロニー形成の歴史をかいま見ることができるし（12ページ参照）、あぶみの技術的詳細からは、西洋文明の流れに重大な影響をあたえたことがうかがい知れる（44ページ参照）。

トピックは必須のもの、定番のもの、論議をよんでいるもののほか、任意のものもある程度とりあげているが、歴史は当然この50の武器によってのみ変わったわけではない。とくにこのリストは、わたしの個人的な考えにもとづき、かならずしも「武器」という言葉では解釈されないものもふくめるなど、ゆるやかな制約のもと構成されている。船や飛行機などの乗り物は、武器というより武器のためのプラットフォームということでほとんど除外しているが、戦車や馬はふくめている。特定の装置や道具だけをとりあげ、鉄や通貨、鉄道といったより一般的な概念ははぶき、そのすべてがどこかしらで軍事的成功の一次的決定因子となったことがあるものという観点から、天然痘やあぶみもくわえている。

収録語には年代をつけ分類しているが、書かれた年代はかならずしも武器の発明または起源を反映しているわけではなく、その絶頂期——つまり最大の影響をおよぼした時期や時代のはじまりを示しているにすぎない。これは、その武器が生まれたずっとあとにやってくることもある。たとえば手榴弾は、火薬技術の最初期に起源をたどれるが、おそらく第1次世界大戦以降の軍事技術としてもっとも影響力をおよぼしている。パイク——柄の長い刀剣——は、本質的には槍なので、その起源は最初期の先史時代にさかのぼるが、武器としての全盛期は、16-17世紀のルネサンスの「パイク・アンド・ショット（槍と銃）」時代になってからのことだった。各武器の説明に使用するカテゴリー——社会的、政治的、戦術的、技術的——も、リスト自体の内容と同じくらい論議をよびそうだ。おおまかにいえば、それらはその武器が歴史におもにどのような影響をおよぼしたかを説明している。どの戦場武器も戦術的重要性をもつが、一部の武器は戦場を超えて影響をおよぼしている。たとえば、馬とあぶみが社会と経済を変革させるほどの影響をあたえたいっぽうで、弾道ミサイルの重要性は、おそらく軍事的というより政治的といったほうがよいだろう。

01

発明者：

ホモ・ハビリス

石斧

タイプ：
携帯武器

社会的
政治的
戦術的
技術的

「(…) 100万年以上にわたり、[手斧は] 文字どおり最先端技術だった。人類の歴史の半分を通して手斧はわれわれの祖先とともにあり、これのおかげで、彼らはアフリカ全土を皮切りに、やがて世界へと広がっていけたのである」
ニール・マクレガー『100のモノが語る世界の歴史』(東郷えりか訳、筑摩書房)

約200−300万年前

石斧はおそらく、ヒト属が考案した最初の武器だったと考えられる。その出現と発達は人類の進化と密接に結びついており、おそらく本書に登場するほかのどの武器よりも、人類史に多大な影響をあたえた可能性が高い。それにもかかわらず、一般に博物館で「石斧」と表示され展示されている物体はどうも別物であると思われ、この類の物体の性質や目的は、多くの場合なぞに包まれている。

チョッパーの出現

おそらく地球上で最古の技術である石斧は、まったく不変の道具ではない。それは進化し、さまざまな形態や機能に分化した。最初期の例は、素人目にはほとんど見分けがつかず、ただの砕けた岩にしか見えない。実際には、これは最古の人類の祖先、ホモ・ハビリスによってつくられた最初の石器で、ホモ・エレクトスといったその後継にも使用された。最初に発見されたタンザニア北部のオルドゥヴァイ峡谷遺跡にちなんで、オルドワン式石器とよばれるこの初期の斧は、「チョッパー（礫器）」としても知られ、つくり方はきわめて単純である。燧石（火打ち石、フリント）やそれに類似した石は、打ち欠いて残った線が鋭利な刃になる。ホモ・ハビリスは意図的に岩を打ちあわせてチョッパーをつくったのかもしれないし、あるいは自然に割れた岩を使っただけかもしれない。そうしてできたチョッパーは、切ったり、けずりとったり、あるいはおそらくほかの類人をなぐりつけたりできたので、道具としてはもちろん、最初の石製武器としても使用されただろう。

エチオピアのメルカ・コントゥレ遺跡から出土したオルドワン・チョッパー。

オルドワン式石器は、フランス北部のサン＝アシュール遺跡にちなむアシュリアン（またはアシュレアン）式石器に引き継がれた。ホモ・エレクトス、ネアンデルタール人、初期のホモ・サピエンスのようなのちの類人に関連するアシュリアン式石器には、高度に発達した石工芸の証拠がはっきりと見てとれる。熟練した石器製作者（フリントナッパー）は、石の一端の打ち欠いた洋梨形のハンドアックス（握斧）をつくった。こうして、便利な小さな刃（剥片、フレーク）と頑丈な石核（コア、剥片を打ち欠いて残った部分）をもつハンドアックスが誕生した。そう名づけられたのは、柄をつけるには向かない形だったためで、直接手で持って使用さ

れた。先史時代の人びとの手は、皮膚肥厚により頑丈で固かったか、あるいは手斧を使う現代人のように革製の手の保護具をもちいていたのかもしれない。実際のところ、「ハンドアックス」の真の用途がどの程度わかっているかについてはやや疑問がある。ひょっとすると斧や道具として使われたのではまったくなく、儀式的または経済的価値をもっていたのかもしれない。そうした理由から、ハンドアックスは現在、文字どおり「両面石器」とよばれることも多い。

アシュリアン式石器「産業」は洗練と熟練のきわみに達した。いくつかの時代と地域の両面石器製造の驚くべき特徴は、すべての標本において長さと幅の割合がまったく同じなことで、さらにこの割合が、古代ギリシアで黄金比（または黄金分割）とよばれるようになったものであることだ。この割合をつくりだすには、短いほうの断片と長いほうの断片とを同じ比率にし、さらに長いほうの断片と全体とが同じ比率になるように切る。幅と高さの比率がおおよそ0.61になれば成功である。先史時代のフリントナッパーに説明書などなかったことを考えると、この考古学的発見物は、彼らが比例をある程度まで概念化できたにちがいないことを示している。

セルトと真の斧

アシュリアン式両面石器は驚くほど長期間にわたりつくられつづけ、約５万年前の解剖学的現生人類もやはり製作し使用していたが、約４万年前の上部（後期）旧石器時代移行期として知られる時代には人類文化の進化が加速したらしく、石器もまた変化した。両面石器は、槍用の長い石刃（せきじん）（ブレード）や銛（もり）用のかえしなど、徐々に形態が特化されていった。石器に柄をつけることはおそらくより広く一般的になっただろうが、柄つき斧が登場するのは約３万年前と比較的遅く、柄のついた「真の」斧は北ヨーロッパなどでは１万年くらい前まであまり見られなかった。上部旧石器時代には、解剖学的現生人類が斧や両面石器をより重要視するようになった。ネアンデルタ

この刻印されたセルトは中央アメリカのオルメカ文化のもので、セルト製造の時間的・地理的範囲の広さを示している。

ール人の石器のほとんどが地元の燧石でできているのに対し、上部旧石器時代のホモ・サピエンスは160キロ以上も旅して、石器の材料に適した燧石鉱山を探している。新石器時代になると、斧頭はセルトとよばれる非常に美しいものへと進化し、なかには貴石でつくられ、砂で研磨されたものもあった。これらはおそらく実用品ではなく、儀式的または経済的、ひょっとすると純粋に審美的な重要性をもつものだったのかもしれない。

柄の時代

柄をつけることは、力を増加させるてこの力学的原理を応用している。斧頭を柄の一端にとりつけると、斧をふる人と目標との距離が増すだけでなく、ふった際により速く動き、あたった瞬間より多くの力がくわわる。このおかげで斧は、狩りや戦闘ではより強力になり、たたき切る場合にはより切れやすくなるのだ。実際、柄つき斧が広く普及したのは、中石器時代と新石器時代の初期、木を切って森林地帯を切り開く必要性が生じたからだと考えられている。

斧の柄はおそらく木や骨、シカの枝角でつくられ、斧頭は植物や動物の繊維、カバノキのタールのような初期の接着剤で固定されていたのだろう。柄をとりつけるための穴を開けた石製斧頭は比較的あとになって現れ、たとえば北ヨーロッパでは、最初の金属製斧刃と同じころに出現している。こうした穴を開けられた石斧は「戦斧（せんぷ）」とよばれていたが、戦闘用の斧と道具の斧との区別は柄の長さによって決まった。だが石斧は先史時代を生きのびていない。戦斧は一般に、大人の腕の半分くらいの長さの柄がついており、かたや道具の斧はそれより短い（特殊用途用は長い場合もある）。戦斧の柄の長さは、操作性を犠牲にすることなく、てこの作用と戦闘距離とを最大にする。

斧の要因

おそらく人類史上もっとも単純な武器である石斧はまた、もっとも重要な武器でもあり、人類の進化に変革的な影響をもたらした。石器の普及は、初期人類が狩りをし大型動物の死骸を処理する能力をいっきに高め、皮、腱、骨を利用できるようにしただけでなく、食事に占める肉の割合を増大させた。より少ない努力でより多くのたんぱく質とカロリーが手に入るようになり、こうした食生活の変化は、あごの骨と腸の縮小化のような解剖学的・生理学的変化をもたらし、脳の増大化と社会的知性の進化を可能にしたのである。

石斧はさらに、森林を切り開くにしろ木でなにかをつくるにしろ、人類による環境支配を強め、たとえば石製手斧（ちょうな）（斧の仲間）は、木の幹をけずって丸木舟をつくるのに利用でき、それにより航海を可能にした。

戦争武器としての斧の影響ははっきりしていない。考古学者の評価には大きなばらつきがあるものの、現在では一般に、新石器時代と青銅器時代は戦争が広く行なわれ、かなり暴力的だったと考えられている。斧はおそらく、戦争の武器と戦利品の両方の役割をはたしていたのだろう。

02

発明者：

ホモ・エレクトス
またはホモ・
ハイデルベルゲンシス

槍

タイプ：

棹状武器

社会的

政治的

戦術的

技術的

すくなくとも40万年前

槍はただひとつの人類共通の武器で、あらゆる文化・文明で使用されている。これはおそらく、「先のとがった棒」というそのもっとも本質的な形態の単純さを考えると、当然なのかもしれない。そのような単純な技術の起源を特定するのは不可能だが、最初に火をもちいて棒のとがった先を強化した時点を人工的な武器としての出現とするなら、およそ40万年前と推定するのが妥当だろう。類人が火を使った最初の証拠は79万年前にさかのぼるが、管理された火の使用は40万年前よりさかのぼることはないというのが、大方の一致した見解である。

最初に棒を戦争の武器に応用したのは、ホモ・エレクトスかホモ・ハイデルベルゲンシスだったかもしれないが、加工されていない槍（折れた枝など）はおそらく数百万年前から使用されていただろう。チンパンジーが棒を道具としてはもちろん、武器としてももちいているようすがこれまで観察されてきた。事実、現存する最古の槍は、管理された火の使用がちょうどはじまったころにまでさかのぼり、ドイツのシェーニンゲン近くの洞窟にある38万年から40万年前の遺跡から発掘されており、後期のホモ・ハイデルベルゲンシスの集団が残したものと考えられている。槍は全長1.8～2.4メートルで、両端がとがっていたが、石製の先端部はついていなかった。10頭の殺された馬の骨のかたわらで発見されたことから、おそらく狩猟用の武器だったと思われる。

燧石の穂先

槍の進化における次なる前進は、木や骨製の柄にとりつける燧石の槍先型尖頭器がつくられたことで、伝統的にネアンデルタール人に結びつけられるムスティエ文化の燧石産業（約300-3万年前）の一部として出現している。解剖学的現生ホモ・サピエンスが高品質の燧石製槍先型尖頭器をつくりはじめたのは、上部旧石器時代移行期（約4万年前）の文化的・技術的「大躍進」の時期になってからのことだった。これらは繊細で、多くの場合非常に美しい人工遺物であり、木の葉形をしていて、縦溝彫りがほどこされ、ショルダーがつけられている場合もあった。柄をつけやすいように正確にけずって仕上げられ、さらに傷口からの流血をうながすようにつくられていた。

燧石の先端部がついた槍は、上部旧石器時代のホモ・サピエンス人口が拡大し、探索を行なうようになるにつれ、世界各地に広まった。そのもっとも顕著で特徴的な発現は、クローヴィス石器文化という形をとった。「クローヴィス人」とは、南北アメリカに広く定住した最初の人類にあたえられた名称である。北東アジアに起源をもつクローヴィス人は、おそらく陸橋（大陸間をつないでいたとされる陸地）を渡り、ベーリング海峡を越え、カナダを通って、約1万5000年前に北アメリカに移り住んだと思われる（南アメリカの最南端に到達したのはそのわずか3000年後）。クローヴィスという名称は、クローヴィス尖頭器として知られる特徴的な槍の先端部が1936年に最初に発掘された、ニューメキシコ州の町

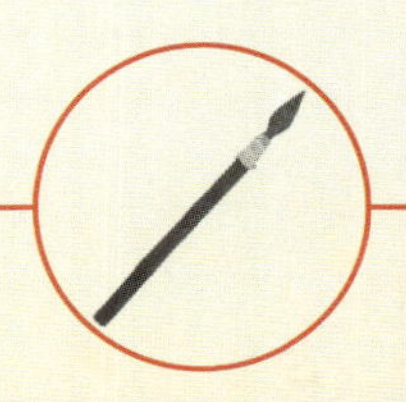

特徴的な洗練されたナッピングを示す、典型的なクローヴィス尖頭器。

の名に由来する。この美しく加工された槍先型尖頭器は、北アメリカ各地の遺跡の最下層で、クローヴィス人が殺していた動物といっしょに発見されることが多い。クローヴィス人の槍はおそらく、マンモスやオオナマケモノ（メガテリウム）のような、かつてアメリカに生息した巨型動物類の大半が絶滅したおもな原因——あるいはすくなくとも大きな一因——だったと考えられる。

金属製の槍

石製の槍の先端部は、世界中の産業化以前の文化で現代まで使用されつづけ、フランスのノルマン人は８世紀になってもまだ使っていた。だが青銅器時代になると、槍は戦争の主要武器として発達し、その典型的な形態に進化した。トネリコのような縦に木目のある木は強度があるため、握りや取っ手などのない長い柄をつくることができた。先端部は、文化や様式、用途によって、幅の狭いあるいは広い木の葉形をしている。槍の柄尻には石突きがとりつけられ、地面につき立てることができ、両端が利用できるようになっていた。

金属製の槍とその使用方法は、青銅器時代から古典時代までほとんど変化しなかった。知られている最古の歴史文書「ハゲワシ碑文」は、ラガシュ王エアンナトゥムが紀元前2450年ごろに隣都市に勝利したことを記念した、シュメールの人工遺物である。碑文には、兜（かぶと）をかぶったシューメル兵士が長槍をふりかざし長方形の盾を持って、ぎっしりとならんで行軍するようすが描かれている。その姿は、3000年後の古代ギリシアの重装歩兵（ホプリタイ）や古代ローマ軍団（レギオン）の密集隊形（ファランクス）とあまり変わりがない。

重装歩兵の長槍

槍が歴史のなかでもっとも輝かしかったのは、このホプリタイに使用されていた時代だった。ホプリタイとは、ギリシア都市国家の武装した市民歩兵をいう。高価な武器や甲冑を自前で手に入れなければならなかったので、ホプリタイはギリシア社会のエリート層が多かった。ホプリタイという名称は「ホプロン（青銅の板を上張りした大型の木製盾）」に由来するが、その主力武器は長槍（ドリー）だった。正確にどのくらいの長さだったかは大きな論議の的になっている。ヘロドトスは、ホプリタイ

「(…) 刀剣または長槍を使用するものは稀に、一般には、その呼び名においてフラメアと称する、細い短い鉄の刃の、手槍を携える。しかしその刃の鋭利にして使用に便なることは、彼らが同じ一本のその槍を、場合に応じて、あるいは接戦に、あるいは間隔戦に用いて、自在に戦っているほどである」

タキトゥス『ゲルマーニア』（泉井久之助訳、岩波書店）、100年頃

ハゲワシ碑文に描かれた、槍と盾をたずさえ密集隊形で行軍する軍隊。

の槍はペルシア兵の短めの槍よりすぐれていたと力説しており、専門家の多くは３メートル以上あったと見積もっている。実際に槍を再現し、それを使ってみた人の個人的経験を議論にくわえたが、それでも見解は一致していない。たとえば再現者のニコラス・ロイドは、2.4メートルを超えると重くて操作しにくいと主張するが、ウェブサイト4hoplites.comの再現者は、2.74メートルが妥当だとしている。

ドリーのバランス、ようするにその考えられる長さに影響をあたえる要因には、ひとつに木の葉形の穂先「aichme」の大きさがあるが、これは比較的小さく、先細になった柄の先端にとりつけられており、先端部の重さを最小にしている。それに対し「sarouter」とよばれる重い石突きは、穂先の重さを相殺して槍をより基部近くで持てるようにし、使える柄の長さを最大にする。石突きはまた貴重な二次的武器でもあり、長槍の両端に殺傷力をもたせることで、万が一槍が折れたり、あるいは白兵戦になって槍先が使いにくくなったりした場合に、代わりにもちいることができた。

同様の論争の嵐は、ホプリタイの槍の握り方についても吹きやまない。古代の描写のほとんどは、ホプリタイが肩より上で握って槍をふるうようすが描かれているが、これはファランクスの盾の壁の正面がくずされていないとすれば、そうする必要があったかもしれない。だがそうした握り方は非常に疲れるうえ、槍も扱いにくい。腕を下げて握ったほうが、より制御しやすいし、基部近くを握るのも容易になる。ここでふたたび、再現者が直接の経験から逆の結論を導きだしている。

長槍をふるって、古代ギリシアのホプリタイは強力な都市国家を築き、紀元前５世紀にはおしよせるペルシアの侵略軍を打ち破った。また紀元前４世紀には、アレクサンドロス大王がファランクスを先頭に立たせて、既知世界の征服をなしとげている。大王は自軍のマケドニア兵にサリッサとよばれる全長７メートルの槍を装備したが、この槍は両手で操作しなければならず、槍兵は身体に小さな盾を留め金で固定していた。

最終的に古代ローマ軍団（レギオン）は、長槍にまさるピルム（投げ槍、ジャヴェリン）とグラディウス（短剣――40ページ参照）を支援する戦術をたくみにもちいて、ファランクスの力を克服した。しかし槍は多くの文化の武器リストにおいて、なおも不可欠な要素でありつづけた。

03

発明者：

旧石器時代のアフリカ人

弓矢

タイプ：

投射武器システム

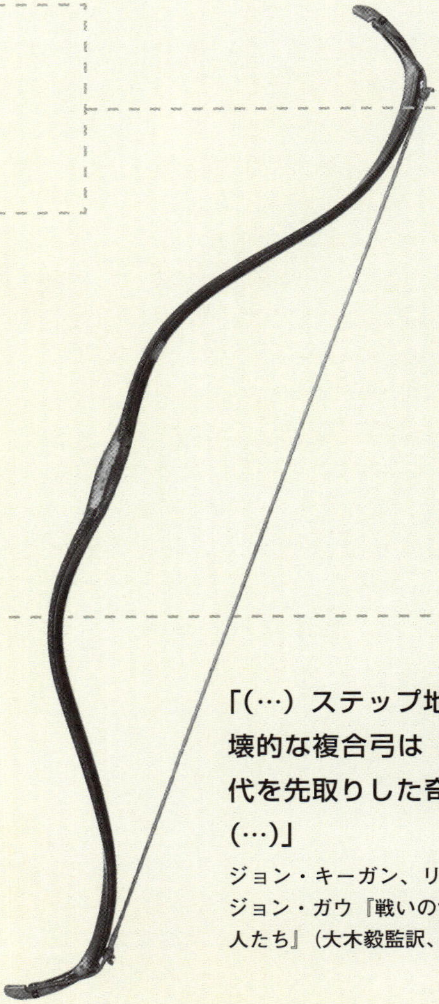

社会的 ■

政治的

戦術的 ■

技術的 ■

「(…) ステップ地帯のきわめて破壊的な複合弓は（…）何世紀も時代を先取りした奇跡の技術だった(…)」

ジョン・キーガン、リチャード・ホームズ、ジョン・ガウ『戦いの世界史——一万年の軍人たち』（大木毅監訳、原書房）

紀元前約６万年

アトラトル（20ページ参照）と同様に、弓矢はたんなる新しい武器や技術的進歩以上のものである。弓矢の誕生を契機に、それまでとは質的に異なる認識および社会的能力が発達し、その影響は人類の進化をあらゆるレベルにおいて大きく変化させた。弓によって、人類は遠くから殺傷能力の高い武器を使用する能力を手にし、比較的小型で弱い人間をほかのどの動物よりも強力で危険なものにした。弓はまた種内闘争を変容させ、形勢を一変させる戦争の武器になり、弓技術の発達が歴史の流れを変えることになった。

矢じりと湿地の弓

弓は有機的な生分解性の材料でできていたので、その起源の考古学的年代を特定するのは限界がある。現存する最古の弓は１万年もたっていない（以下を参照）。それに対し矢じりは、石でつくられている場合もあるため、南アフリカのクワズール・ナタール州北部にある崖の洞窟、シブドゥ洞窟で収集された証拠からは、そこに住んでいた人類が約６万年前に矢をつくっていたことが明らかになっている。研究者は、衝撃を受けた痕跡と柄がついていた痕跡とをもつ石の尖頭器を発見しており、これは、この尖頭器が槍ではなく投射物として使用されたことを示している。研究者はさらに、尖頭器を柄に固定するのに使われた植物樹脂のにかわの痕跡も発見しており、このように合理的な道具（コンポジット・トゥール）がつくられていた証拠は、高水準の認知能力をも示唆している。こうした尖頭器（プロジェクタイル・ポイント）が矢についていたのか、それともアトラトルの投げ矢（ダート）についていたのかははっきりとはわからないが、主流の意見は前者である。

最初期の明白な証拠は保存状態のよい弓から明らかになっており、保存に有利な条件が整っていることと、考古学に比較的熱心であることから、その大半はヨーロッパで発掘されている。世界最古のまぎれもない弓は、デンマークの泥炭湿地から出土した約9200年前の中石器時代のホルムガード弓で、これはニレでつくられていた。新石器時代には、戦争で弓を使用した形跡があり、イギリスのクリックリーヒル砦では、燧石（フリント）の矢じりの分布が紀元前3000年ごろの戦いの経過を鮮明に再現しており、入口の門のあたりに数百個の矢じりが集中している。

単弓から複合弓

こうした初期の弓は、単弓とよばれるもっとも単純なつくりのもので、１本の木材でできていた。真に最初の弓はおそらく弾力のある生木でつくられたのだろうが、弓技術が進歩するにつれ、弓製作者は、トネリコ、オーク、ニレ、イチイのような強靭で弾力性のある木を乾燥させることを学んだ。さらに木を切って、弓の表側（まぎらわしいが背とよばれている――19ページ囲み参照）にはより柔軟性のある辺材をはり、弓の内側（弓腹）には頑丈でより圧縮性のある心材をはった。紀元前3600年（ヨーロッパでは初期青銅器時代）に

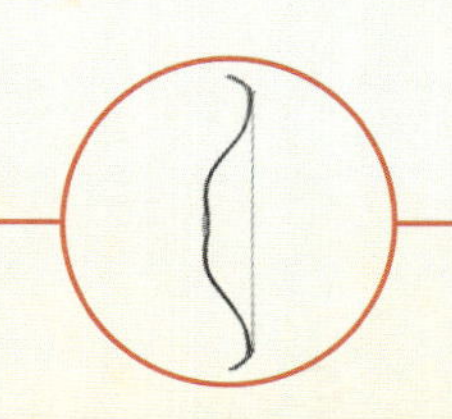

モンゴル戦士が馬上から弓を射るようすが描かれた、14世紀のペルシアの細密画。

は早くも、イタリア北部のレードロ湖で出土した弓は、弓の両末端部が正面に向かってそり返る設計になっている。

弓は青銅器時代のヨーロッパではすたれていったが、弓の設計は中東とアジアで発展し、金属製の道具が木の加工を容易にするとともに、よりすぐれた矢じりをもたらした。しかし最大の進歩は、弓のための複合材料が発達したときに起こった。最初に登場したのは「裏をつけた」弓で、弾力性のある骨片や動物の腱が木の棒の裏ににかわづけされていた。次に登場したのが3層になった複合弓で、弓の背に弾力性のきわめて高い腱をはり、弓腹には圧縮性の高い角をはって木をサンドイッチ状にはさんでつくられていた。さまざまなにかわをもちいる高度な技術によって製作されたこの複合弓は、はるかに小型になった弓により高い強度と弾性をそなえ、馬に乗って射ることができるようになり、騎馬戦士を高機動の飛び道具発射機に変貌させた。アジアと東ヨーロッパのステップ地帯に住む騎馬民族は、パルティア弓騎兵の有名な「パルティアン・ショット」のような騎馬弓術に熟練していった。パルティアン・ショットとは、騎手が馬上でくるりと向きを変え、敵に一矢を放ってから反対方向に（安全なところに）走り去る戦法をいう。

複合弓の威力は、軍事史に再三にわたり影響をおよぼした。古代エジプトが紀元前1720年ごろヒクソス人に侵略されたとき、そのすぐれた複合弓技術により、ヒクソス人の弓の射程距離はエジプト人の単弓より最大183メートルも長かった。その結果、ヒクソス人はまたたくまにエジプトを征服した。のちに複合弓は、パルティア人がローマ帝国の侵攻をかわすのを何世紀にもわたり助けたが、複合弓と騎兵との相乗効果的関係は、モンゴル人で頂点に達した。

このステップ地帯の戦士は、すぐれた騎馬弓術と高度な弓技術とを融合させた。騎手はそれぞれ、威力のあるそり返った短い複合弓をすくなくとも1張装備し、その射程距離は305メートルを超え、異なる戦術的効果をもつさまざまな専用矢（徹甲矢、対馬矢、火矢など）で補完された。モンゴル人はこの武器に合わせて、戦場戦術も発展させた。そして機動性を保ち、機動作戦を調整し、敵の武器の射程外にとどまり、ときに撤退するふりをするなど多様な戦術をあみだした。複合弓を武器に、モンゴル人は中世ヨーロッパの軍隊と重い甲冑を身につけた騎士に屈辱を味わわせた。

弓の解剖

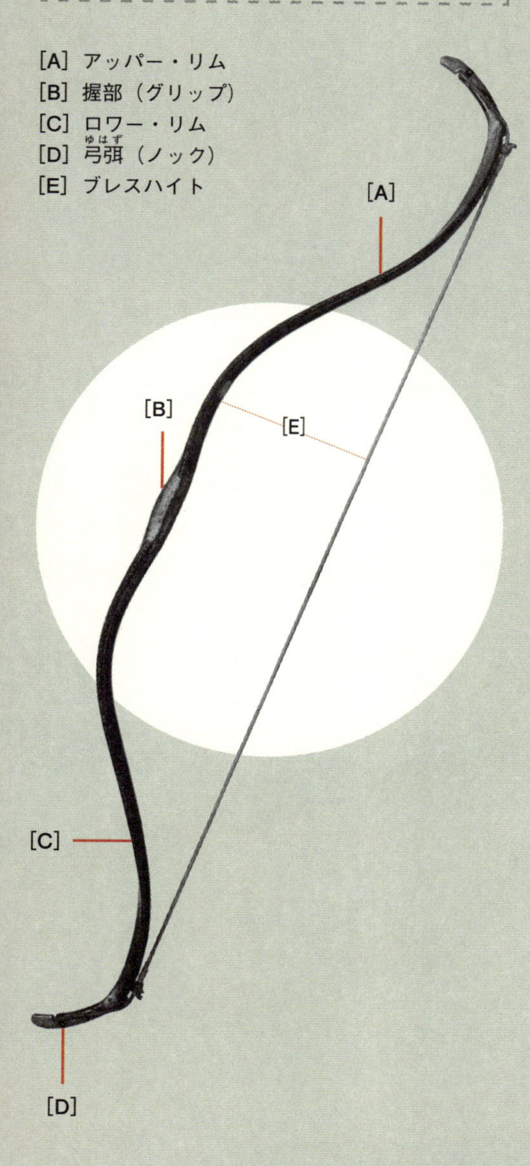

弓にはふたつのリム（アッパーとロワー）があり、中央の握部の両側をなしている。射手から見て外側が背、射手に面する側が弓腹とよばれ、弦を固定する弓の両末端部のきざみ目を弓弭という。また弦が張られた状態の、弓と弦とのあいだの距離をフィストメル（またはブレスハイト）とよぶ。

弓は、人の仕事を（離れた場所に力をおよばせるという意味で）運動エネルギーに変える（矢を飛ばす）装置である。矢をたんに投げても、エネルギーの大半は腕を動かすことにむだに消費される。さらに重要なのは、いかなる瞬間でも人が生みだせるのは比較的少ない量の力だということだ。しかし弓を使って弦を引けば――弓は本質的にばねである――、この力をより長い時間働かせることができる。行なった仕事は、しなった弓によって機械的または弾性ポテンシャルエネルギーに変換され、弦を解き放つと、このポテンシャルエネルギーがただちに運動エネルギーに変換される。エネルギーは弓にゆっくりとそそぎこまれ、続いてすぐさま矢に伝達される。物理学では、そうした装置はパワー増幅器として知られる。

キー・トピック
複合弓

複合弓の驚異的な出力重量比は、その高度な材質科学の応用から生じているが、この概念は弓が誕生した当時には知られていなかった。その当時の職人は経験と直感から、圧縮性なら骨、弾力性なら腱というように、特徴をたがいに補いあうように材料を組みあわせた。

04

発明者：

上部旧石器時代のヨーロッパ人

アトラトル

社会的

政治的

戦術的 ■

技術的 ■

タイプ：

投射武器

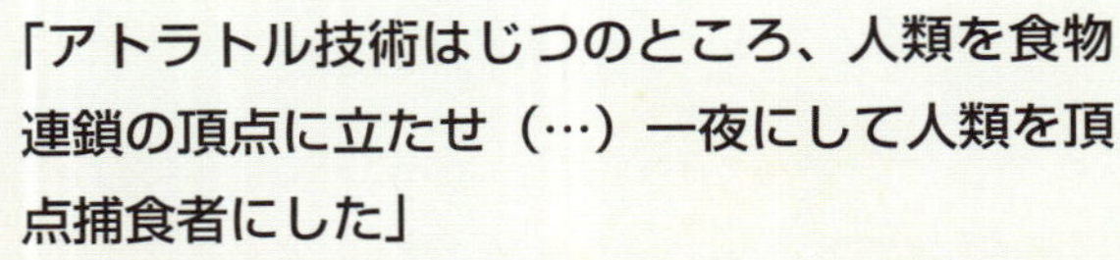

「アトラトル技術はじつのところ、人類を食物連鎖の頂点に立たせ（…）一夜にして人類を頂点捕食者にした」

ボブ・サイズモア、SALT（古代の生活様式と技術の研究）

すくなくとも1万7500年前

アトラトルすなわち投槍器は、弓矢と同じくらいか、それより古い可能性のある飛び道具発射器である。付随する発射体——一般に投げ矢とよばれる——とともに、最初の兵器システムを構成した。機械的利益の原理を射程武器に応用したことで、先史時代の猟師の能力と野心を一変させ、さらに使用者に戦術的優位をあたえて、石器時代の戦士と16世紀のスペインによるアメリカ征服時の初期近代の戦士とを、事実上同じ土俵に立たせた。

ところ変われば名も変わる

アトラトルという言葉はナワトル語に由来し、この言語は一般にアステカ人として知られる、メキシコ渓谷に住む先住民メキシカに使われている。一部の史料によると「水かけ器」を意味し、どうやらメキシカはこれを使って湖や沼で水鳥を狩っていたらしい。この装置自体は南極大陸と、興味深いことにアフリカ大陸を除くあらゆる大陸で、先史時代の文化、歴史的文化、あるいは今日の文化において発見されている。名称はほかに、投槍（矢）器、ウーメラまたはミル（オーストラリア先住民の言葉の音訳）、プロプルセール（フランス語）、スピアシュルダー（ドイツ語）、エストリカ（スペイン語）などがある。

アトラトルとはなにか

アトラトルは、一方の端にくぼみや突起（一般にスパーまたはフックとよばれる）がついた、ただの棒もしくは板である。使用者はアトラトルの反対側を握り、ダートや槍、もしくは同様の発射体の底部を突起またはくぼみにはめる。アトラトルはまず、投擲するほうの前腕にそって平らにもち、ひじを曲げ、耳の高さと同じにする。それから投擲する腕を前に伸ばすと、アトラトルはあたかも手首から伸びた腕のようになる。手首のところでてこを長くすることで、アトラトルは、投げる動きの最終段階である手首のスナップにより生みだされる力を倍増させる。手首が高速で前に出れば、アトラトルの突起はさらに高速で弧を描くように動き、ダートが大きく加速される。世界アトラトル協会のジョン・ホイッテカーはこう説明する。

投げる動きは、ボールや石を投げるのと同じだ。最大の違いは、投げる最後に手首のスナップをきかせる際、手首が短いてこになり、同時にその同じ手首のスナップがアトラトルを長いてこにし、まるで腕の関節がもうひとつ増えたようになることである。

アトラトルをつくるのはとても簡単で、基部の近くが二股になっている棒ならなんでも使える。棒がちょうど二股になっているところで片方を切り落とし、「太くて短い」腕をつくり、二股のところからもっとも遠い末端にひもかテープを巻きつける。これが握部になり、いっぽう切り落としたほうで突起をつくる。プレヒストリック・アーチェリー・アンド・アトラトル協会によると、この装置の使いやすさはその単純さに反比例しているという。「投槍器は単純な投射武器の典型だが、扱いがかなりむずかしい」

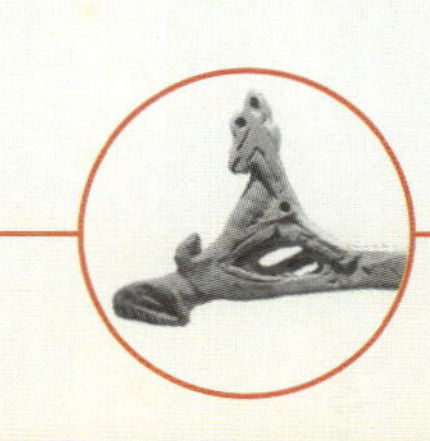

しかしひとたび習熟すれば、アトラトルは破壊的な武器になる。SALT（古代の生活様式と技術の研究）のボブ・サイズモアによれば、アトラトルから射出されたダートは、手だけで投げたものの約２倍のエネルギーをもつという。これにより飛距離が延びるわけで、ちなみにアトラトル投げの世界記録は258メートルである。それはまた、より短い距離でははるかに正確で強力な投射を可能にし、これこそ、多くの人びとがアトラトルを狩猟と戦争の両方に適した武器とみなす最大の利点なのだ。アトラトルはけっこうな重さの投射物でも、命中精度をそこなうことなく、かなりの威力と速度で射出することができる。たとえば１メートルほどのアトラトルなら、1.5メートルのダートを時速80キロで投射することが可能だ。サイズモアによると、ダートは最大時速274キロにまで達することもあるという。重量と速度が組みあわさると、ダートは大きな貫通力をもつことになり、狩猟動物の体はもちろん、コンキスタドーレス（16世紀に南北アメリカを征服したスペイン人）がアステカ人との戦争で身をもって知ったように、金属製の甲冑さえも射抜くことができた。アトラトルを試してみようと思う人は、素人でもドアを貫通させたり致命傷を負わせたりすることがあるので、細心の注意をはらう必要がある。

投げ槍をおびた侵入者

アトラトルがはじめてヨーロッパの考古学的記録に登場したのは、上部（すなわち後期）旧石器時代のことである。現存する最古の例は、約２万1000年から１万5000年前に現在のフランスとスペインで栄えたソリュートレ文化として知られる古代文化のもので、後継時代である約１万5000年前のマドレーヌ文化期から多数が出土している。このなかには驚くほど美しい人工遺物があり、そのひとつがラ・マスダジール遺跡から発掘された「Le faon aux oiseaux」で、トナカイの骨でつくられ、アイベックスと鳥が装飾的に彫られている。

アトラトルが南北アメリカの考古学的記録に登場するのは約１万年前で、この旧アメリカ人のアトラトルがもっと古いヨーロッパのソリュートレ文化期のものと様式が似ていることが、先史時代のヨーロッパ人が南北アメリカに最初に移住したとする、問題の「ソリュートレ仮説」を裏づけるものとされてきた。学会主流派の見解は、旧石器時代のシベリア人が南北アメリカに定住したが、彼らが使用したアトラトルの考古学的記録はいっさいないというものである。同様に興味を引くのは、アフリカでアトラトルが使われた証拠がまったくないことだ。だが考えに入れなければならない重要な点は、ひとつに、アトラトルがおもに木や骨、シカなどの枝角といった腐敗しやすい有機物でできていたことである。したがってアトラトルは、解剖学的現生人類が約９万年前にアフリカを去るずっと前から広く使われていたが、たんに現存していないだけなのかもしれない（たとえばチュニジア・サハラ砂漠で発見された、約５万年前の一般に「矢じり」とよばれる大型の燧石（フリント）製尖頭器は、アトラトルのダートかもしれない）。このことが、オーストラリアから北極圏にいたるまで広く分布する理由なのかもしれないし、または、たんに比較的単純な技術であるために、異なる文化で独自に発明されやすかっただけなのかもしれない。

北アメリカでは、アトラトルは弓矢にほぼとって代わられたが、この過程は紀元前3000

年から紀元500年にかけてゆっくりと進行した。一部の地域ではこのふたつの技術が共存し、アトラトルはいくつかの点で弓にまさっていた（たとえば、有機物的な弓の弦の張力がゆるむ雨天でも使えるなど）。世界各地で、産業化以前の生活様式を維持している人びとはいまも使用しているか、もしくはオーストラリア先住民やアメリカ先住民のアレウト族、アマゾンの先住民クイクル族のように20世紀まで使用していた。

バナーストーン

アトラトル研究の分野は驚くほど物議をかもしている。たとえば、アトラトルがたんにてこの作用で機能しているのか、それとも弓の弦のように、変形させることによって蓄えられた弾性エネルギーをダートにあたえているのかについていくつか議論がある（高速写真による研究は前者を支持している）。またそれに関連して、アトラトルまたはダート、もしくはその両方がしなるように設計されていたなら、ダートの速度は増すかどうかについても論議されている（これもやはり研究は、たわみ性が命中精度をあげたり技術的な欠点を補ったりすることはあっても、速度に影響をあたえることはないとしている）。だがおそらく最大の論争は、北アメリカでアトラトルとともにしばしば発見される、アトラトルウェイトまたはバナーストーンとして知られる石の用途にかんするものだろう。これらは世界のほかのどの地域でも、アトラトルと関連して発見されていない。これはダートにはずみをつけるか、もしくは投擲をよりスムーズにするためのものだと示唆されてきたが、ほかにも、ダートやアトラトルの修理に使われるという説や、純粋に儀式的あるいは社会的

投槍器を使って銛に似たダートを射出する、19世紀のシベリアのアレウト人を描いたもの。

重要性をもつものだとする説などがある。その高度な職人の技と高い美的価値、さらに一部地域での副葬品としての役割は、アトラトルがたんなる実用品ではないことを示している。

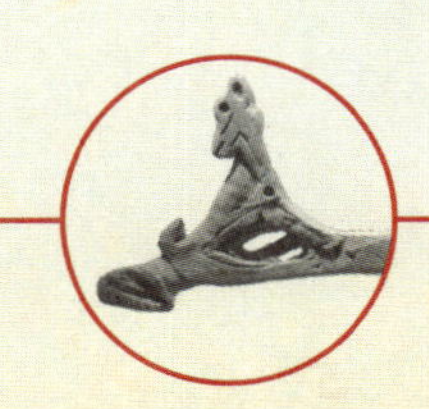

05

発明者：

西アジア人

青銅器時代の剣

タイプ：

刀剣

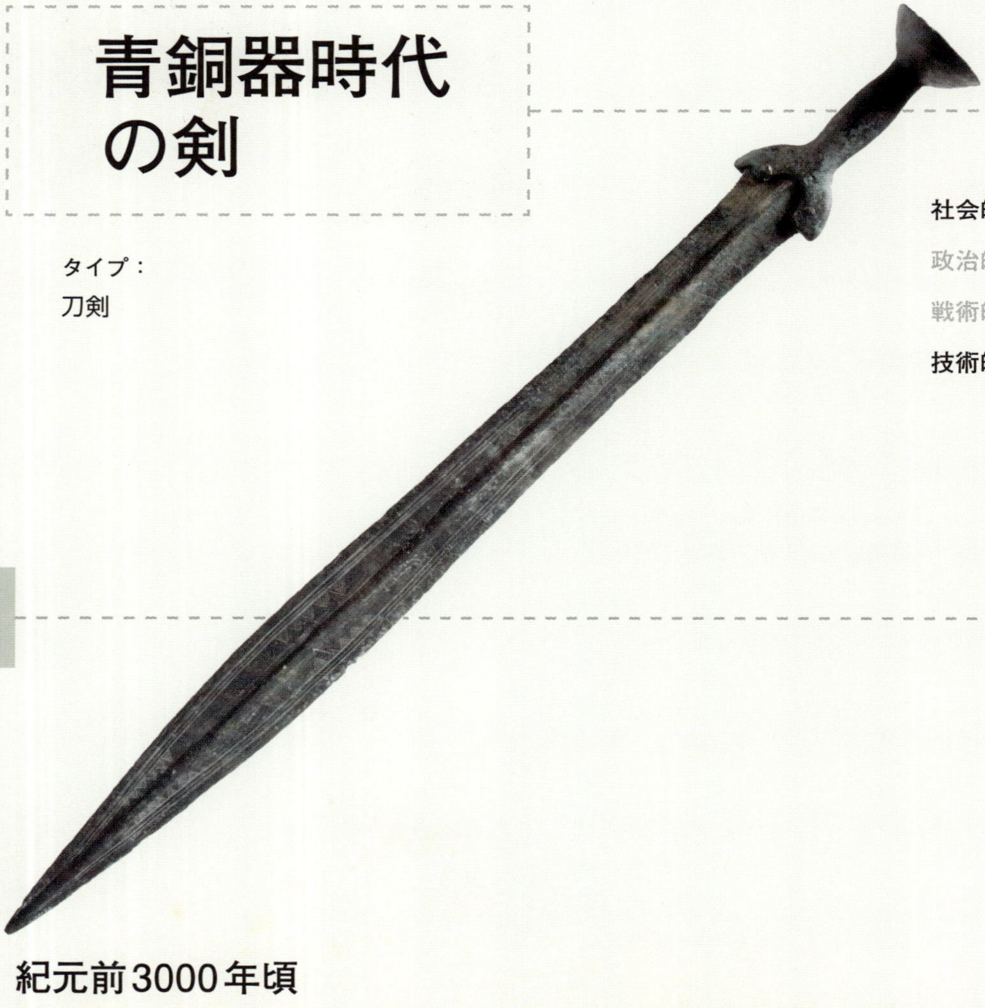

社会的

政治的

戦術的

技術的

紀元前3000年頃

火薬時代以前の象徴的武器である剣（ソード）は、その歴史の大半において高級武器であり、つくるのも所有するのも高価で、所有者にステータスと威信をあたえた。そしてその存在は、金属加工術の発見に依存していた。石刃は研磨され、かなり完成されていたが、石でつくれる最長の実用武器は短い短剣（ダガー）やナイフだった。石刃はとりわけ研ぐ際に割れやすく、刃を維持するのがむずかしかったうえ、短剣よりも長いものは重くてあやつることが不可能だった。

すばらしい銅

銅は、純粋な形で自然に生じる金属である。くわえて魅力的で、可鍛性があり、腐食に強い。人類は早くも紀元前9000年にはそれを加工することを学んでいたが、金石併用または銅器時代は、紀元前4500年ごろにメソポタミアで組織的な銅の生産と使用が行なわれるようになってようやく、本格的にはじまった。銅からはダガーや斧頭といった武器がつくられたが、この金属は柔らかいため、歴史家はこうした武器の効果を疑問視している。銅の美しさと価値を考えれば、これらは多くの場合、儀式的な品だったのかもしれない。

銅は切りつけたり切断したりするのにはあまり向いていなかったが、つき刺せるくらいには硬かったので、銅の剣身（ブレード）は大部分が短剣だった。記録にある最初期の剣は、2003年にトルコのタウルス山脈のアウスラーンテペで出土したもので、考古学者は紀元前3300年ごろにまでさかのぼる（次に古いものより1000年古い）９本の剣身を発見し、「剣（ソード）」であると説明している。この剣は全長45～60センチで、剣身と柄（つか）（ヒルト）が一体成型で鋳造されていた。懐疑的な人びとは、これがはたして長い短剣ではなく剣なのかどうか疑問視しているが、アウスラーンテペ・ブレードはヒ素と銅の合金でできており、ローマ大学の古代歴史科学、考古学および人類学学部のマーセラ・フランジパネ教授は次のように述べている。「すぐれた冶金技術が見てとれる。剣を鋳造する際、銅の特性を変化させより強い金属をつくりだすために、ヒ素が意図的に合金化元素として使われた。（…）長さから（…）その用途に疑いをはさむ余地はない」

古代エジプトでは、コピスとよばれる鎌型の銅剣の一種が知られていた。中東全域に見られる典型的なデザインのこの鎌剣は、農耕具に由来するが、切りつける武器として戦闘で使用されたほか、死刑執行人の剣としても使われた。エジプトのコピスは長さが最大60センチのものもあった。

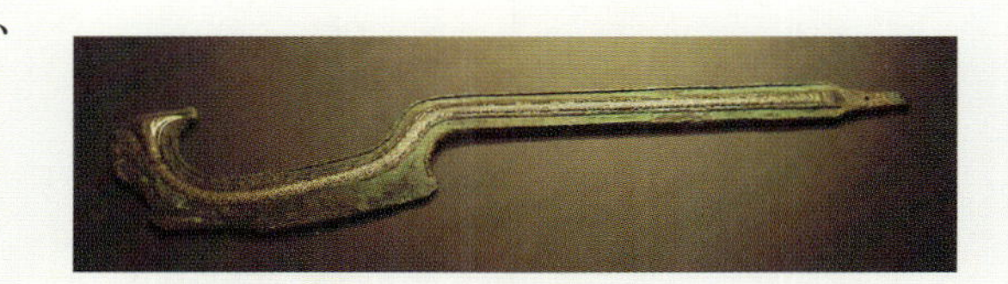

レヴァント地方で発見された紀元前８世紀のコピス（鎌剣）。青銅製の剣身は琥珀金の象眼で装飾されている。

「アキレウスが鋭利の剣を抜いて［リュカオンの］頸のわきの鎖骨を突くと、両刃の剣は柄まで刺さり、相手は地面に俯伏して長々と横たわり、黒い血が流れ出して大地を濡らした」

ホメロス『イリアス』第21歌（松平千秋訳、岩波書店）

青銅器時代の兵士

短剣と剣との明確な境界線は、剣身がつき刺すだけに使われるのか、あるいは切りつけるのにも使われるのかどうかで決まるが、これを考古学的発見物から判断するのは不可能である。長さもまた、手がかりになる——ただし、51～89センチの長めのエジプトのコピスが、銅にスズを混ぜ青銅（この合金は戦闘で鋭い刃先を保てるほど硬い）をつくることが発見されてはじめて鋳造された可能性は除く。青銅には金に似た光沢があり、その魅力をさらに高めている。

青銅合金の製造技術は紀元前3000年ごろ西アジアで発達し、青銅器時代の幕開けを画した。青銅は鋳造しやすいうえ強度もあり、刃を鋭くするのはもちろん、複雑な形をつくることもできた。金属の強度は金属の原子が結合する能力によって生みだされるので、隣りあった原子どうしが多数結びついた状態になっている。これが秩序正しく行なわれると、原子の結晶格子ができ、金属結合の数と規則性がこれらの結晶格子をばらばらになりにくくする。そうした結晶格子は一連の金属結合を壊すとばらばらになり、原子がもとの状態にもどればふたたび形成されるが、金属結合の配列全体をいっきに壊すには多くのエネルギーを必要とする。だが結晶格子中に転位とよばれるひずみがあると、ごくわずかな原子を配列しなおすだけで簡単に結晶格子をばらばらにすることが可能になる。つまり、その金属の強度が落ち、もろくなるということである。

これを克服するひとつの方法が、金属を常温で打ち延ばす冷間加工または加工硬化とよばれるものだ。くりかえしハンマーで打つことで転位を結晶格子の境界に移動させると、金属の強度がはるかに向上する。青銅や鉄を冷間加工するとすぐれた剣身ができるのはこのためである。

青銅剣はその後1500年にわたってユーラシアに広がった。合金をつくる際に使われるスズの正確な比率が、剣身の性質に影響をおよぼした。スズの比率が多いと、青銅は強度が増すがもろくなる。逆にスズが少ないと、青銅は柔らかくなるが戦闘で刃こぼれしにくくなり、かわりに屈曲しやすくなる。青銅器時代に木の葉形のデザインの剣が人気を集めたのは、おそらく屈曲が極力おさえられたからだろう。

青銅器時代の剣は一般に、剣身と柄が一体成型で鋳造されていた。樋（ひ）（フラー、長い溝）が剣身を軽くするためと、傷からの血を流すためにきざみつけられることもあった。剣身には、剣を握る手を防護するために広いショルダーがつけられた。青銅職人は、金属は打ち延ばすと強度が増すことを発見した——今

先史時代の鋳造所で剣を鋳造する、青銅器時代の金属加工職人。

日ではこれが、打ち延ばすことで金属の結晶が再配列され、より強度のある構造になるせいだと知られている。青銅職人は、青銅剣を常温で打ち延ばして硬化し、もろさを解消する技をきわめた。

鉄器時代

青銅器時代の終わりには、青銅剣は鋼とほぼ同じくらい硬い刃をもち、鉄よりもすぐれていた。しかし青銅は、スズが比較的希少であったことから高価で、ヨーロッパを例にとれば、イギリス南西部をふくむ数個所でしか発見されていない。金属加工術が発達し、より高温で製錬できるようになるにつれ、加工可能な鉄を生産することが可能になった。鉄鉱石は豊富にあったので、鉄剣は青銅剣よりも安価で、広く手に入れることができた。鉄はまた、鋼をつくるのにも使われ（数千年間はいきあたりばったりではあったが）、青銅よりもはるかに硬く鋭い剣身を製作することができた。紀元前13世紀ごろに鉄器時代が到来するとともに、鉄剣は青銅剣にとって代わっていった。

だが銅および青銅製の武器は、なかでも剣はとくに、すでに歴史を変えていた。銅および青銅製武器の鋳造の発達は、熟練した金属加工職人の階級を創出し、長距離通商関係（たとえばフェニキア人はスズ貿易でイギリスのコーンウォールに旅している）と文化交流を育んだ。その結果として、「文明」人を、石器時代の生活様式をもつ「野蛮人」に対し、軍事上、決定的優位に立たせたのはいうまでもなく、都市文明の発展をもうながした。このすべてが、青銅器時代の「強国」（エジプト、シュメール、ヒッタイト、ミュケナイなど）が台頭することになったゆえんだった。

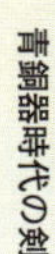

06

発明者：

中央アジア南部のステップ遊牧民

馬とチャリオット

社会的
政治的
戦術的
技術的

タイプ：
移動式発射プラットフォーム

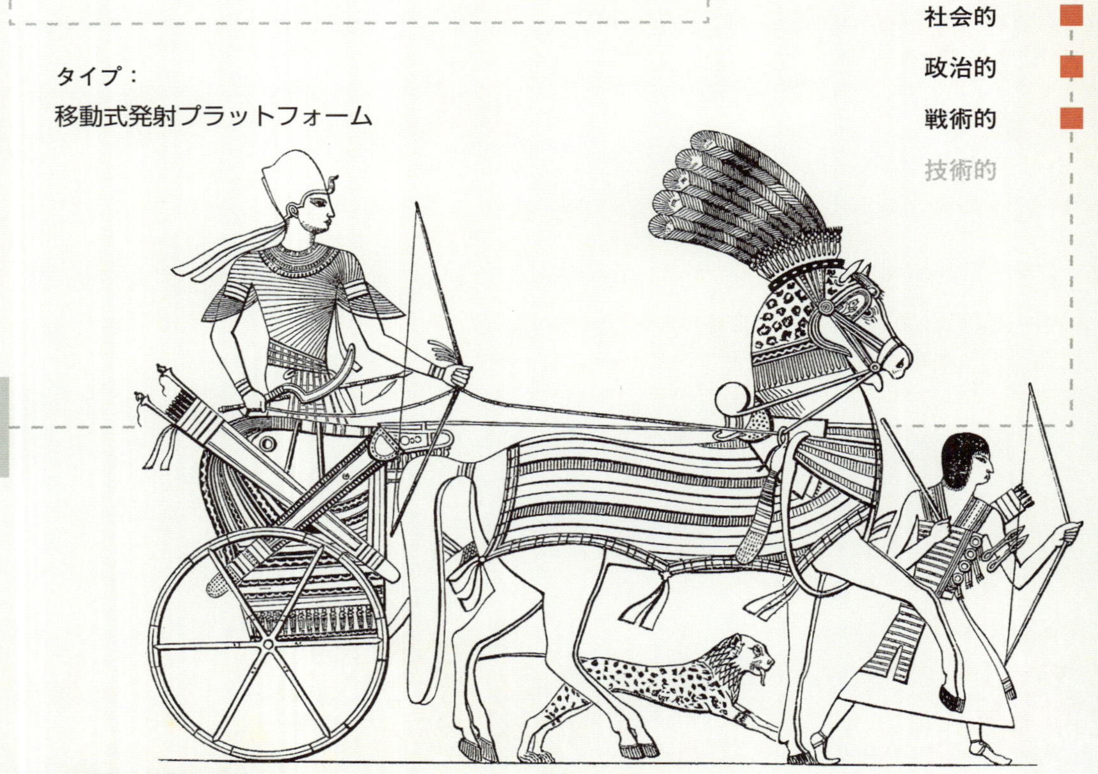

紀元前2000年頃

軍事的観点において、馬の家畜化があたえた影響ははかりしれず、それは広範囲かつ長期におよんでいた。馬は必要不可欠なものになり、19世紀後期まで戦争の主要要素であることが多かった（また、第１次世界大戦にいたるまでずっと重要な軍事的役割をはたしつづけた）。馬は単純に巨体で獰猛であるという理由から、それ自体が武器として役立ったが、さらに重要なことに、戦士を戦場の戦術的に重要な区域に運び、そこから破壊的攻撃をしかけるための高機動プラットフォームとしての役目もはたした。家畜馬の軍事的役割の性質は、その進化にしたがって変化した。

転換点

馬が家畜化された正確な年代と場所は、議論の分かれる問題である。2012年、ケンブリッジ大学の研究者によるDNA調査で、馬が6000年前に西ユーラシアのステップで家畜化されたこと、また家畜馬がその後、ユーラシア全域に広がるにしたがい、野生の雌馬と交配されるようになったことが明らかになった（雌馬が馬の子にミトコンドリアDNAを提供していることから）。

家畜化がそれほど早かったことは、軍事史研究家を驚かせたことだろう。というのは、馬が軍事的観点に影響をおよぼす証拠が現れるのは、シンタシュタ墳墓やほかの紀元前2000年紀初期の遺跡以降だからだ。約4000年のあいだ、馬は純粋に農業目的（ミルクと肉）で飼育されていたらしい。こうした初期の家畜馬は、現代の馬にくらべ弱く小型で、人を乗せるのはおろか、荷を引けるほどの力もなかった。紀元前3000年には、最初の２輪荷車の証拠がいくつか見られ、シュメール人がようやくそれを戦争に使用した。紀元前2500年ごろのモザイク板の箱、ウルの軍旗（スタンダード）には、ロバに引かせた４輪荷車、投げ槍（ジャヴェリン）をふるう兵士など、シュメールの軍隊の戦闘場面が描かれている。しかしこうしたロバは足が遅く、敏捷さにもおとり、戦争での馬の役割を確固たるものにしているゲームチェンジャー（戦局の流れを変えるもの）ではなかった（２輪ではなく４輪戦車だったために、直進から方向転換するのがむずかしかったと考えられる）。だが紀元前2000年ごろにこれが変化し、世界も同じく変化することになる。

「（…）戦いの日役立つのは腰の痩せた馬で、肥えた牛ではあるまい」

サアディー（1184-1292年）『薔薇園（グリスターン）』（蒲生礼一訳、平凡社）、紀元1256年ごろ

チャリオットクラシー

紀元前2000年紀のはじめ、ユーラシアのステップの馬の飼育者はより強い動物を生みだすことに成功した。これはちょうど青銅器時代のなかごろで、この時代に冶金と金属加工術が高度に発達した。強化された馬力と技術が結びついて新たな戦争の武器、チャリオット（戦車）がもたらされ、その後数世紀のうちにユーラシア全域に広がった。青銅器時代

ジャヴェリンの矢筒を装備した４輪戦車が描かれた、ウルの軍旗(スタンダード)の細部。

の戦士によって開発されたこの乗り物は、軽量で敏捷な２輪戦車で、すぐれた技術で操縦することにより、高速（最大時速39キロ）と高い機動性が実現された。チャリオットは通常２、３人乗りで、ひとりが操縦し、残りの乗員が武器を投射した。

チャリオットは機動力と装甲とをかねそなえ、そのことから最初の戦車に影響をあたえたとされている。チャリオットの御者は、戦場のあらゆる場所にただちに駆けつけ、迅速に戦術的対応を開始することができた。猛烈な突撃で敵戦線を突破したが、必要とあらばすぐさま撤退することも可能だった。

チャリオットシステムにかかる費用は、上等な馬と金属加工品をふくめ、付随する社会経済体制を暗に示していた。社会でもっとも裕福で有力な層だけが必要な資源を意のままにでき、結果として、重武装したこの層の人びとが、武力によってその覇権(ヘゲモニー)を永続させた。地位の低い歩兵は貧しく青銅の鎧(よろい)が買えなかったので、あっさりチャリオットに乗ったアリストクラシー（貴族階級）、すなわち、急速に社会を支配しつつあったチャリオットクラシーのえじきになった。チャリオットに乗った侵略者は、チャリオットを中央アジア南部のステップから外へと広げていった。

紀元前1400年ごろ、技術的進歩が社会経済的均衡を変化させ、チャリオットクラートによる支配をくつがえした。鉄は紀元前3000年紀中葉から加工されていたが、このころ、浸炭――熱した錬鉄に炭素をくわえ、それをハンマーでたたくことによって表面に炭素を浸透させ、鋼を得る方法――の発見により、鉄器時代が本格的にはじまった。武器や甲冑には鉄のほうが青銅よりすぐれていたが、さらに重要なことに、鉄のほうがはるかに広く手に入れやすかった。金属製の武具はもはやエリート層のためだけのものではなくなり、チャリオットの御者も、鋼で武装した歩兵と同じ一兵卒の地位に甘んじるしかなかった。チャリオットは有益だったが、馬の軍事的可能性はまだ完全に引きだされていなかった。

騎兵の登場

紀元前900年ごろ、中央アジア南部の馬の飼育者が、背に武装した兵士を乗せられるほど頑丈な大型の馬の繁殖に成功し、それにより騎兵が誕生した。あぶみ（44ページ参照）がなく、真に大型の軍馬もまだ繁殖されていなかったので、この初期の騎兵は軽武装だった

――騎手はつめ物をした防具や鱗重ねの鎧を身につけ、ジャヴェリンやランス、弓を装備していた。古典時代のほとんどで、騎兵はギリシアのホプリタイやローマ軍団兵（14および40ページ参照）のような重装歩兵ほど重視されていなかったが、この時代においても、歩兵が戦争を支配した際には、騎兵がカギとなって勝利をおさめた有名な事例がいくつかあった。アレクサンドロス大王とその名高い僚友――マケドニア軍の精鋭騎兵――は、騎兵による奇襲作戦と電撃突撃を適切にもちいて大勝利をなしとげた。紀元前331年にガウガメラで、アレクサンドロスはダリウス率いるはるかにすぐれたペルシア軍を、戦闘の重大な局面で騎兵突撃をしかけて惨敗させた。アレクサンドロスは自軍を巧妙に展開し作戦行動をとらせることで、ペルシア軍に隊列を乱させ、その間隙をついて大胆な騎兵突撃をかけた。そうしてダリウス本人を倒して勝利をおさめるとともに、広大な帝国をも手に入れることになったのである。

紀元前216年にカンナエで、またも騎兵は勝利のカギであることを証明した。この戦闘でローマ軍は、歩兵の点ではカルタゴのハンニバル将軍の軍よりはるかに数でまさっていたが、騎兵の質と数の両方で優位に立たれていた。ハンニバルの騎兵はローマ軍の馬を追いちらし、軍団兵を背後からとり囲むと、攻囲を完了し、空前の大量殺戮にとりかかった。ハンニバルの騎兵には、さらに重武装の兵士を乗せたより大型で頑丈な馬からなる「重騎兵」の派遣部隊がふくまれていた。このあとまもなく、真の重騎兵が中東に出現することになる。紀元前100年ごろ、パルティア人は種雌馬に冬のあいだアルファルファ（ムラサキウマゴヤシ）をあたえると、重武装の騎手と馬鎧の両方の重さに耐える大型の軍馬が生まれることを知った。そうして誕生した重騎兵はカタフラクトとして知られ、数世紀にわたりパルティア領土をステップの略奪者から守るのを助け、ついにはビザンティウムを経由してヨーロッパへと広がっていった。

ガウガメラの戦いでは、アレクサンドロス大王の騎兵突撃が戦局を変え、ひいては歴史の流れを変えることになった。

07

発明者：

古代アッシリア人

攻城兵器

社会的

政治的

戦術的

技術的

タイプ：

攻城兵器

紀元前2000年紀

新石器時代、人びとは定住地をつくり物質的な富を蓄積するにつれ、そこを要塞化していった。有史時代に入るまでに、こうした要塞の一部は驚くほど巨大なものになっていた。紀元前2000年紀には、ニネヴェが全長80キロ、高さ37メートル、厚さ９メートルの石壁で囲まれていたとされ、いっぽう同時代のバビロンも、巨大な防壁をもっていたことで知られている。新バビロニア帝国の時代（紀元前600年ごろ）には、バビロンは全長19キロの長大な防壁をめぐらし、古代ギリシアの歴史家ヘロドトスが、その頂上部は「４頭立てのチャリオットが走れる」ほど幅が広いと述べたことで有名である。

より高く

こうした堂々たる要塞に打ち勝つには、防御側はもちろん、攻囲側の軍隊も、飢えと疫病による壊滅のおそれのなか、困難でコストのかかる攻囲攻撃を延々と行なわなければならなかった。もうひとつの選択肢として、要塞をつき破るかのりこえるかして切りくずすことも可能だったが、砦や都市の防壁近くに陣どって、矢や岩、煮えたぎる油の攻撃を浴びながらこれを達成するには、かなり本格的な土木工事が必要とされた。紀元前2000年紀ごろから、アッシリア軍はおそらく世界初の、特化された役割をになう異なる部隊で構成される軍隊へと進化し、このなかには工兵もふくまれた。遅くとも紀元前1000年紀がはじまるまでに、アッシリア人は６輪の攻城塔のような攻城兵器をつくっていた。紀元前９世紀のニムルドの宮殿から出土したレリーフには、中央の塔に弓兵を収容し、破城槌をつきだした攻城塔が描かれている。

紀元前1000年紀のニムルドのレリーフには、「戦車砲」を破壊槌に置きかえたような、現代の戦車に驚くほど似た攻城兵器が描かれている。

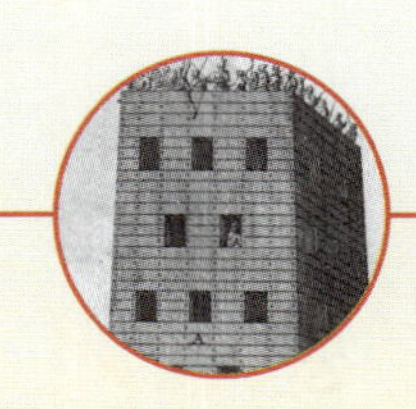

ヘレポリス

攻城塔は古代ギリシア人（ヘレネス）のもと、高度で独創的な土木技術の快挙へと進化し、エピマチウスの伝説的なヘレポリスでその最盛期に達する。ローマの技師で建築家のウィトルウィウスによると、ロドス攻囲戦でマケドニア王デメトリオス・ポリオルケテスは「エピマチウスという名高いアテナイの建築家」を招き入れたという。さらにウィトルウィウスは、エピマチウスがいかにして「巨額の費用をかけ、細心の注意とたいへんな努力をはらい、高さ41メートル、幅18メートル、（…）装置自体の重さが16万3293キロあるヘレポリスを建造したか」について語っているが、述べられている寸法はおそらくまちがいだろう。別の古代の作家は、8輪式で内部に階段がふたつある（ひとつは上り用で、もうひとつは下り用）、40メートルの高さのピラミッド型の塔について記述している。

古代の歴史家ディオドロスによれば、この怪物を動かすのに3400人が必要だったというが、実際どのように推進させたかは大きな議論の的になっている。ディオドロスは、装置の底にある重い横桁（よこげた）を人力で押していたと言っているが、800人以上が入れるだけの空間はなかっただろう。一説によれば、この塔には滑車、ブロック、滑車装置が、塔正面（あるいはすくなくとも後部車軸の前方）の固定金具にとりつけてあったという。これはつまり、多くの兵士と牛が塔の背後からその進行方向とは逆の方向に引っぱるということであり、その結果、敵の攻撃から守られることになった。ディオドロスはこうも主張している。「さらに車輪には脚輪がついており、直進はもちろん、横方向にも動かせるようになっていた」。途方もない労働力と建造費は、ロドスがデメトリオスの攻囲で陥落せず、島民と講和を結んだため、むだになったらしい。

攻城塔と亀甲型掩蓋（えんがい）

ローマ人は例によってこのようなギリシアの軍事技術をとり入れ、洗練していった。ローマ人はこうして、敵の要塞に使用する攻城兵器の建造と配備に熟達していった。攻城塔は牛などの生皮や重ねたぼろきれでおおわれ、飛び道具や火から保護する耐火性の物質が塗られた。紀元1世紀のユダヤ戦争では、ローマ人はどうやら防護力を高めようと自軍の攻城塔を鉄板でおおったようだが、エルサレムで発見された崩壊した攻城塔の遺物は、ローマ人がかならずしも付加重量を構造によって補っていたわけではないことを示している。

攻城塔の上階には跳ね橋（パンズまたはサンブカとよばれる）がそなえられ、防壁の頂

「軍司令官が道理と不断の勤勉、それに厳選された説明図から建造されたこれらの攻城兵器をそなえ、つねに神の裁きに思いをめぐらせば、（…）容易に都市を、とりわけアファール人の都市を攻略でき、みずからもいまわしい敵から致命傷を負うことはよもやないだろう」

ビザンティウムのヘロン『パランゲルマタ・ポリオレクティカ』（『攻城戦指南書』）、紀元950年頃

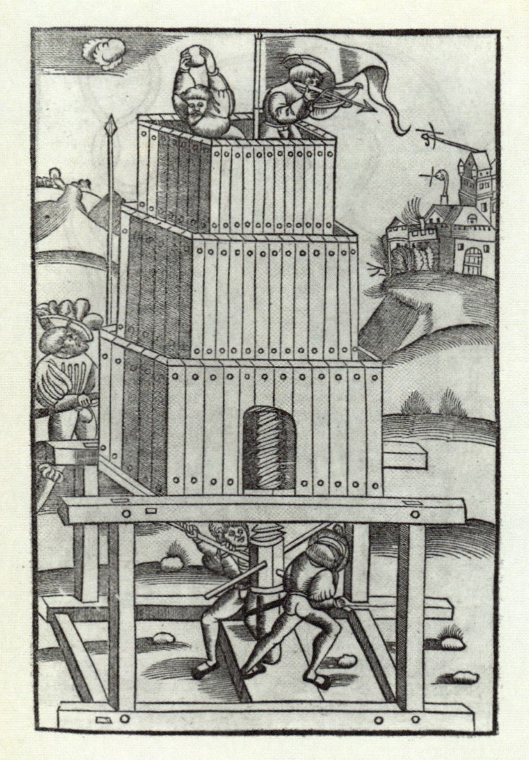

16世紀の写本に描かれた入れ子式の攻城兵器では、底部にあるねじをまわして塔を昇降させているが、おそらく実際の装置ではないだろう。

上に降ろして侵略兵が塔からなだれこめるようになっていた。下のほうの階には破城槌——巨大な木材や丸太に雄ヒツジの頭の形をした鉄の先端をとりつけたもの——が装備されていることもあった。これで防壁に穴を開けたら、今度は専用の補助装置で裂け目を広げた。そうした装置には、鉄の鉤がついた角材があり、この鉤は穴に押しこんでさらに石をかきだすのに使われ、またテレブスという小型の鉄製のとがった道具は、個々の石をとりのぞくのにもちいた。破城槌はまた、亀甲型掩蓋（テストゥド、カメの意）とよばれる1階建ての防御構造物とともに移動することもあった。

土木作業

4世紀までに、ローマ軍団（レギオン）は100軍団につき1基の攻城兵器を保有しており、これは、ナポレオン1世の軍隊での兵士1000人につき3門の火砲という割合に匹敵する。しかし注目すべきは、攻城兵器はその創意工夫と数の多さにもかかわらず、ローマの攻城術の効果にとってはおそらく鋤（すき）を使った作業より重要性が低かったということだ。ローマ兵は常設の野営地にたどりつけない場合、「野営規定（カストラメーターティオーン）」とよばれる一連の作業を遂行することになっており、この作業では、夜ごと土で防護壁や壕、木で柵をつくって野営地を設営した。兵士はこの作業をものの3～4時間でやってのけることができた。ローマ軍団兵の鋤を使った作業には、伝説的な偉業がいくつかある。たとえば、紀元前2世紀中葉のカルタゴ攻囲戦では、巨大な破壊槌を支える土塁を築くためだけに6000名の兵士が作業にあたったという。また、スパルタクスの奴隷反乱との戦いでは、クラッススが自軍の兵士に、イタリア半島のつま先全域に深さ4.6メートル、幅4.6メートル、全長55キロの壕を掘らせている。さらに紀元前52年のアレシア攻囲戦では、カエサルの軍団が200万立方メートルの土を移動し、一連の壕と土塁（背塁線および対塁線とよばれる）を築いてウェルキンゲトリクスを破るとともに、投入したローマ軍をその5倍の兵士からなったとされる敵の援軍から守った。

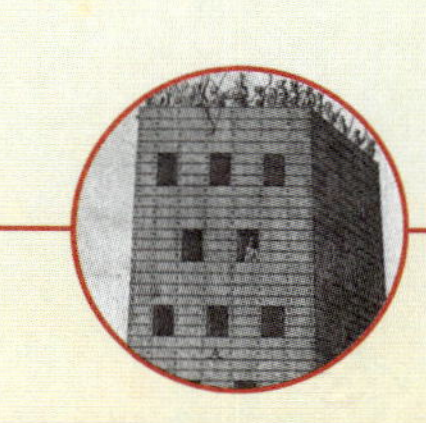

08

発明者：

古代ギリシア人

バリスタ

社会的

政治的

戦術的 ■

技術的 ■

タイプ：

投射武器

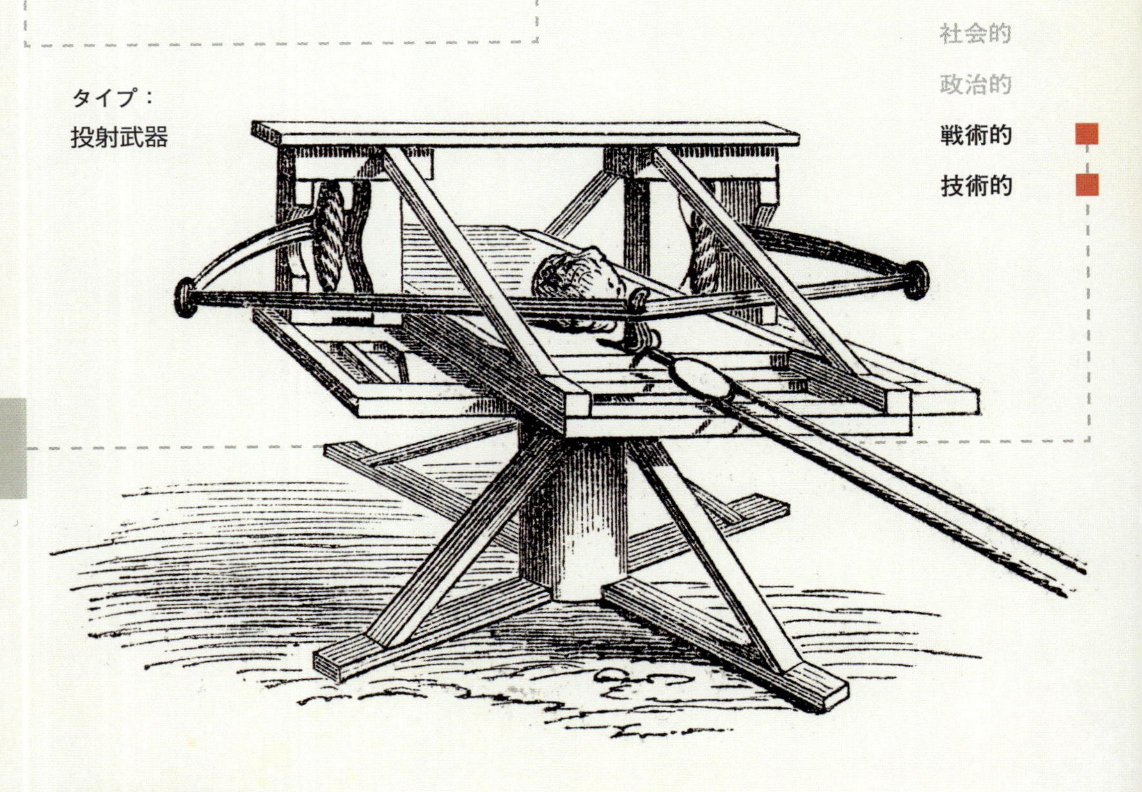

紀元前300年頃

ローマ軍団は、たんなる人力以上のものと、単純だが効果的な戦術で武装して戦いにのぞんだ。彼らはまた、残忍なほど破壊的な数々の投射武器をもちいて、鉄の先端がついた巨大な太矢や重たい石を恐ろしい速度で投げつけ、都市の防壁に穴を開けたり、兵士を選んで正確にその鎧をつらぬいたりした。

ギリシア起源

「投げる」という意味のギリシア語に由来するバリスタ（投石機）は、大型の石弓と基本的にほぼ同じ設計図の古代の投射兵器だが、少し異なった原理で動作する。最初のバリスタは古代ギリシア人によってつくられたが、実際には巨大なクロスボウのようなものだった。それには張力の原理がもちいられ、弓の弦を引くと太い木製の腕形機が曲がるようになっていた。続いて弦を放すと、アームがはね返ってもとの位置にもどり、弦が前方に引っぱられてボルトや石が破壊的な速度にまで加速された。そのような装置が、紀元前４世紀にシチリア島で起こったシュラクサイのディオニュシオスとカルタゴとの戦争で使用され、大きな成功をおさめた。これらの装置には、火矢を攻囲した都市に打ちこむだけでなく、防壁を打ち破るほどの威力があった。

ねじり力

ローマのバリスタはこうした初期のギリシアのものとは異なる原理で動作したが、これもやはりギリシアの発明品で、紀元前３世紀のポエニ戦争の際、ローマ人がギリシアの植民地での武力衝突中に出くわしたものだった。この原理はねじり力で、抵抗力のある弾性材料をねじることによってエネルギーが蓄えられ、ねじれがほどけるときに放出される。この場合、弾性材料は動物の腱で、それをかせ状に巻いて太いコードにすると、途方もないエネルギーを蓄積することができた。ねじり力はローマの投射武器の多くの型で動力として利用されており、それにはオナゲル（「野生ロバ」）やカタパルトといった投石機があった。

ローマのバリスタの基本設計は２本のアームからなり、各アームは、かせ状に巻いた腱のコードをねじったなかに埋めこまれている。最初に弓の弦をレバーで後ろに引き、歯止めで固定する。次にボルトを溝にはめこむか、石をはさむ。古代ギリシアの数学者で機械工のアレクサンドリアのヘロンは、紀元70年ごろに書かれた著書のなかで、基本的な操作手順について説明している。「よって、半分の長さになっているばねを引き伸ばすと、アームは外側へはね返る。(…) 説明どおりに弦を後ろに引き、飛び道具を装填し、引き金を引くべし」。バリスタが外側にふれるのか、それとも内側にふれるのかについてはいくつか議論がある。つまり、アームがコードからつきでてクロスボウのような外観をしているのか、それとも内側を向いているのかということである。主流の意見は前者だが、後者にも証拠が存在し、それには1972年にハトラ（イラク）で発見された、真のバリスタの一部と最初に

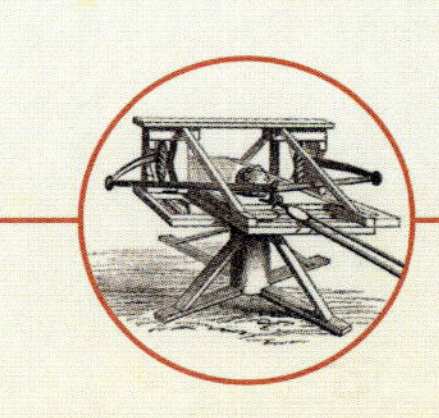

「スコルピオ［小型のバリスタ］から大量の石が投げつけられると、頭はこなごなに打ち砕かれ、敵軍の多くが粉砕された」

アミアヌス・マルケリヌス『歴史（Re Gestae）、第19巻』、359年のアミダ攻囲戦についての記述

証明された遺物がある。

この基本設計の周囲には木と金属の複雑なフレームが配置され、コードをねじり徐々に緊張を高めていく装置のほか、弦のレバーを動作させる巻き上げ機や滑車もついていた。ローマのバリスタは強力で命中精度が高かった。典型的なバリスタは1キロのボルトを274メートル以上飛ばすことができたが、大型のものになると、4.5キロのボルトを411メートルも飛ばすことが可能だった。

バリスタは命中精度が高かったので、兵士ひとりひとりを遠くから狙うことができた。このことは、考古学的発見物（たとえば、紀元43年にメイデンキャスルでローマ軍と戦って戦死した古代ブリトン人の遺骨は、脊椎にバリスタのボルトが打ちこまれていた）と歴史的記録の両方によって立証されている。典型的な例は、ユリウス・カエサル自身によるガリア侵略についての覚書に記されている。紀元前52年のアウァリクム（ブールジュ）攻囲戦で、ローマ軍は防御側の城壁をのりこえんばかりの高い接城土手を築いた。カエサルはこう書いている。「ガリアのすべての運命はこの瞬間にかかっていると思われた。そのとき、われわれの目前で記憶に値する出来事が起こった」。カエサルはさらに、攻城塔のひとつの前にひとりのガリア人が現れ、接城土手に放たれた火に松やにや獣脂を投げつけていたと記している。ローマ軍はバリスタの照準をこの男に合わせ、ボルトを打ちこんで殺したが、別の男がとって代わったので同様に射殺した。そしてこれが夜どおしくりかえされたという。この逸話は、運のつきたガリア人の捨て身の勇敢さを物語るものとして語り継がれているが、同時に、ローマ軍のバリスタの命中精度がいかに高かったかも証明している。

さまざまなバリスタ

ローマ人は基本的なバリスタを応用してさまざまな武器をつくりだした。もっとも知られているのがスコルピオ（サソリ）で、これはふたりで操作する小型のバリスタであり、大きな矢に似たボルトや4ローマポンド（1.3キロ）の重さの石を投射した。スコルピオを荷車にのせたり、車輪をとりつけて移動式の投射武器にしたりしたものはカロバリスタとよばれ、いっぽうカイロ（マニュ）バリスタは手でもてるほど小型だが、それでもおそらく台や台枠、装填するためのなんらかの巻き上げ機は必要だっただろう。バリスタは、のちの火砲がさまざまな種類の砲弾を発射できたように、効果の異なるさまざまな種類のボルトを装填することができた。共和制および帝政初期の時代、ローマのバリスタは強化木材で建造され、鉄めっきがほどこされていた。しかし紀元2世紀はじめまでに設計が改められ、かなりの努力をそそいですべて金属でで

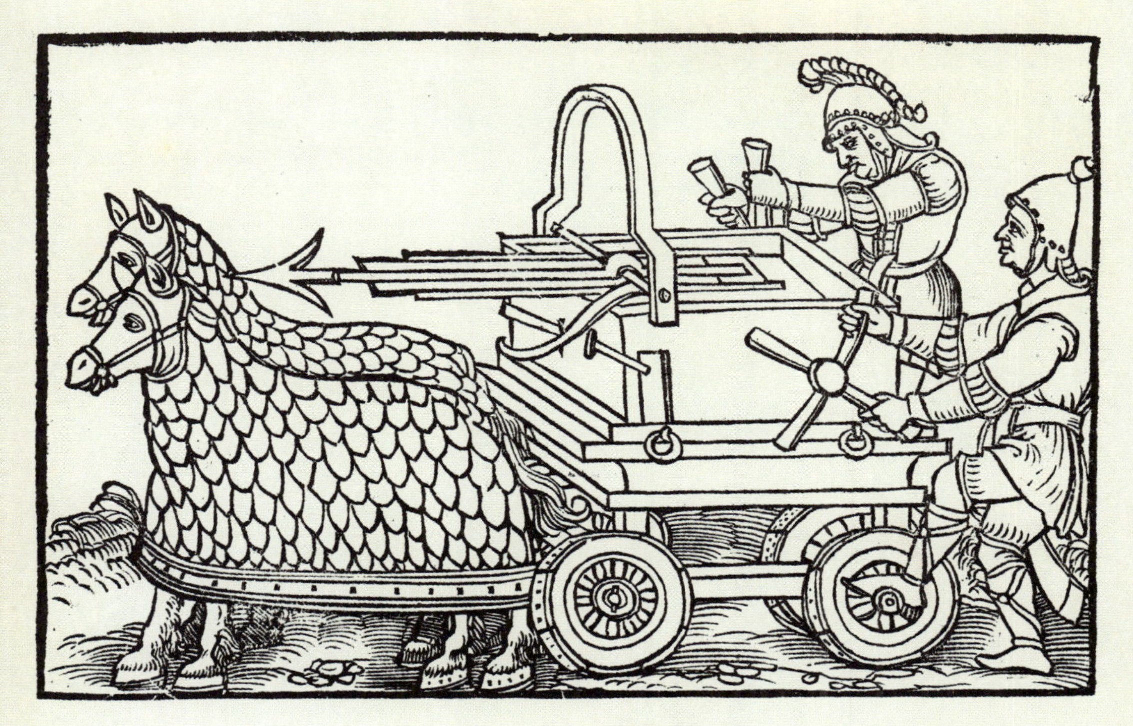

のちの騎馬砲兵隊を先どりした、中世後期の馬に引かせたバリスタ。

きた骨組みがつくられ、信頼性と耐久性、威力が向上したのにくわえ、さらに重要なことには、なににもさえぎられることなく目標を見ることができるようになった。こうした機械の部品の一部が考古学的記録として現存しているほか、金属だけからなるマニュバリスタの文書による解説もいくつか残っている。

投射武器部門

実際、ギリシアの原型を応用し変化させることによって、ローマ人はまったく新しい軍隊の科をつくりだした——それは本格的な戦術投射武器部門で、重量のある攻城兵器から移動式の戦場武器までさまざまな選択肢を提供し、歩兵部隊に随伴し支援することができた。そのバリスタの数々でもって、ローマ人は重爆撃から制圧射撃にいたるまで、現代の砲兵戦術を先どりしていた。たとえば軍団はそれぞれ、最大60基のスコルピオを戦闘に投入し、それらをナポレオン戦争の砲兵隊と同様に、高台の砲台にすえつけていた。ひとつの軍団のスコルピオは、合わせて最大毎分240発のボルトを連続発射でき、射程距離は100～400メートルで、高水準の命中精度を達成した。

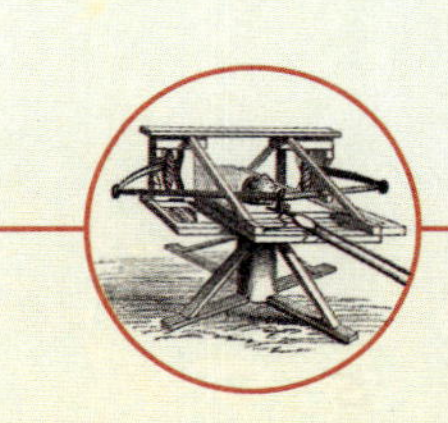

09

発明者：

古代イベリア人

グラディウス

タイプ：

刺突武器

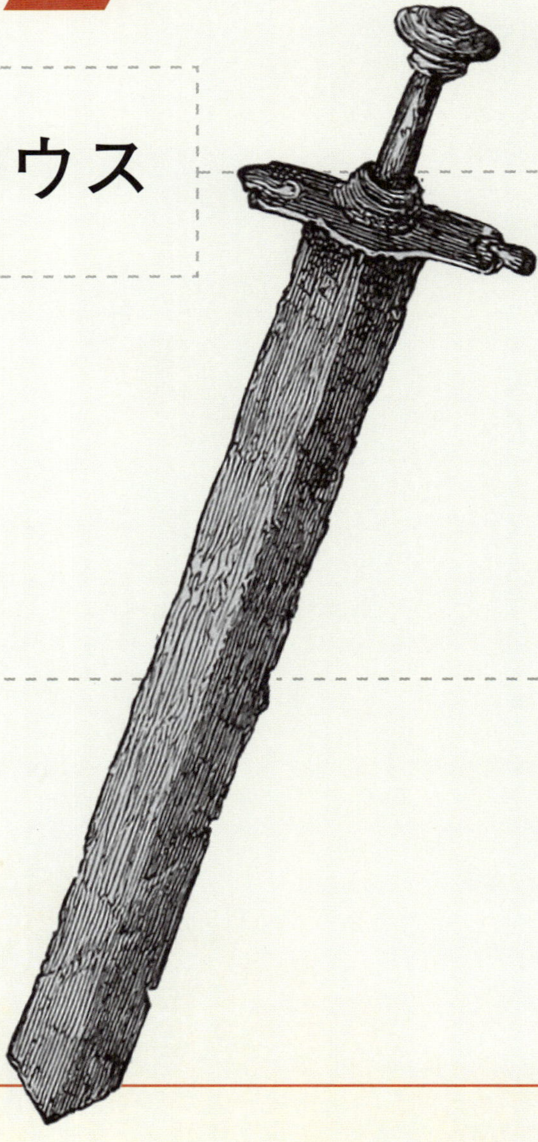

社会的

政治的

戦術的

技術的

紀元前200年頃

グラディウスは「世界を征服した剣」とよばれ、ローマ軍団兵の主要殺傷具として、おそらく古代世界のほかのどの剣よりも多くの死をもたらしたにちがいない。じつは、グラディウスはただひとつの不変の武器ではなく、その形状はローマの歴史を通じて進化している。しかし一般には、おもにつき刺すことを意図して設計された、比較的軽量で、幅広の短い刃の剣がそうよばれている。

スペインの鋼

グラディウスは紀元前200年ごろ、ローマ兵に選ばれた武器としてはじめて人気をよび、その考えられていた起源から、当時はグラディウス・ヒスパニエンシス（イベリアの剣）として知られていた。伝えられるところによると、ローマ人はポエニ戦争でイベリア人の兵士と交戦した際この剣と出会い、いたく感銘を受け、みずからも採用したという。グラディウス・ヒスパニエンシスの剣身（ブレード）は根元が幅広く、ほぼ平行に延びて長い切先がついたものと、先端に行くほど細くなって細長いピラミッド型になったものとがある。剣身の長さは64～69センチ、幅は4～5センチだった。

剣身の重さは、簡素な握り（グリップ）と骨や木でできた鍔（ガード）（つば）とともに、ずんぐりとした球形の柄頭（ポンメル）によってバランスがとれていた。大きなポンメルはまた、刺しつらぬかれた敵が後ずさりしたりもがいたりした際に、グラディウスが持ち主の手からもぎとられたり、引き抜かれたりするのを防ぐのにも役立つ。ローマの敵が身につけていたような軽防具をつき通すのにうってつけだったグラディウスは、敵側が使っていた剣の多くより短かったが、その軽さと、切りつけるのではなくつき刺すことによるむだのない動きのおかげで、より効率的に剣をふるうことが可能になった。ローマ軍団兵には、敵が疲れはてても、まだ戦う余力が残っていた。

理想的なグラディウス・ヒスパニエンシスは、イベリア半島産の鉄だけで鍛造されていた。刀鍛冶が、鍛造したばかりの剣身の弾力性を試すときの方法には定評があり、それは、剣身を頭の上におき、柄（ヒルト）と切先を、両肩に触れるまで引き下ろすというものだった。放すと、真の剣身ははね返って水平になった。剣は鞘（さや）におさめられ、鞘には、おそらく型打ちしたスズや青銅などの金属板で装飾がほどこされていたのだろう。

腐食した紀元1世紀のグラディウス・ヒスパニエンシスからは、剣身、鍔、なかご、柄頭が一体成型で鋳造されているのが見てとれる。

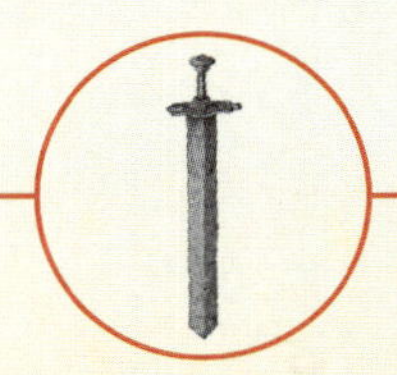

切りつけるか、つき刺すか

グラディウスのきわだった特徴は、歩兵のあらゆるニーズにこたえるその汎用性とバランスのよさだった。現代の専門家は、グラディウスがたんなる刺突武器ではなかったことで意見が一致している。その両刃を使えば、グラディウスは頭部や四肢を切り落とすことができたからだ。しかし古代の作家は、刺突武器としての側面をはっきりと強調している。4世紀後期の『軍事論（De Re Militari)』のなかで、ウェゲティウスはこう書いている。「彼ら［ローマ軍団兵］は同様に、剣で切りつけるのではなくつき刺すように教えこまれていた」

マインツからポンペイへ

アウグストゥスの時代（紀元1世紀ごろ)、グラディウス・ヒスパニエンシスはある進化した型にとって代わりはじめた。これは、もっとも有名な例——世にいう「ティベリウスの剣」は現在ロンドンの大英博物館に収蔵されている——が発見された場所にちなみ、マインツ型グラディウスとよばれる。豪華な装飾がほどこされた鞘から、それがおそらく将校のものだったことがわかる。マインツ型グラディウスは、イベリア半島のものより剣身がわずかに短くずんぐりしており、一般に長さが50～60センチ、幅が5～6センチで、優美な曲線を描く木の葉形をしていた。ロンドンのフラム地区で発見された同類の型は、同じく側面がくびれているが、優美というほどではなくもっと角ばっていて、おそらく刀鍛冶の技術不足か、あるいは、よりシンプルで効率的な製造方法をとり入れたいという欲求を反映しているのだろう。

マインツ型およびフラム型グラディウスは数十年後、ポンペイ遺跡から発掘された標本にちなんで命名された、ポンペイ型グラディウスにとって代わられた。闘技場（アレーナ）で使われていたグラディウス（剣闘士（グラディエーター）はこれに由来）に着想を得たといわれるポンペイ型グラディウスもやはり短めで、長さが42～55センチ、重さは1キロあまりだった。軽量で短い剣は、より速くふりまわすことができる。ポンペイ型グラディウスの剣身はまっすぐな両刃で、それまでの型より短いピラミッド型の切先だった。

ローマ軍が使用した剣は、グラディウスだけではなかった。騎乗して攻撃する騎兵は、スパタとよばれるもっと剣身の長い剣を使っていた。ローマ軍団制度は、西ローマ帝国が滅亡へと向かうにつれ衰退し、ローマの軍隊はしだいに「蛮族」の補助軍（アウクシリア）や傭兵から構成されるようになり、それとともにグラディウスも人気が落ちていった。非ローマ人の兵士は独自の型の武器を使用したが、そうした武器は、彼らがもちいるそれほど統制のとれていない戦場戦術、あまり接近しない戦闘などにより効果的だった。紀元3世紀までに、グ

「(…) ローマ軍は剣の刃で戦う者を笑いものにするばかりか、いつでも簡単に征服した」

フラウィウス・ウェゲティウス・レナトゥス『軍事論』(I.12)

ラディウスは大部分がスパタにとって代わられていた。

大衆の破壊兵器

シンプルな輪郭と、安価な有機材料でできた柄と鍔をもつグラディウスは、刀剣技術の頂点ではなかったかもしれないが、完璧な標準仕様の武器だった。容易に大量生産でき——ローマ軍が常時25万組の装備を使用していたことを考えると、重要なポイント——、ローマの戦い方は、グラディウスがそろってはじめて完璧なものになった。

ローマの戦術は、規律と緊密な編隊を重視していた。軍団兵は整列して進軍し、射程内に入ると槍（ピルム）（ジャヴェリン）を投げ、そのあとグラディウスを引き抜いて、できるだけすみやかに接近して白兵戦にもちこんだ。

ベルトか飾り帯か

ほとんどが右ききの剣士は、鞘を左側に身につけると剣が抜きやすいが、ローマ軍団兵がこのようにグラディウスをおびると、左側にいる兵士を危険にさらすことになった。軍団兵を描写した影像を見ると、右側にベルトか飾り帯（片方の肩にかける帯）のどちらかをつけ、そこにグラディウスをつるしている。だが後者の場合、どのようにして鞘も同時にもちあげることなく、片手で剣を引き抜いたのかはわかっていない。現代の再現者によると、飾り帯に交差させてベルトをつけ、それに鞘を固定すれば、片手で引き抜けるという（もう一方の手で盾をつかんでいる場合、これは不可欠である）。

ピルムを握り、鞘におさめたグラディウスを飾り帯につるしたローマ軍団兵。

10

発明者：

シベリア南部の馬の飼育者

あぶみ

タイプ：

戦闘プラットフォーム

社会的
政治的
戦術的
技術的

紀元前1世紀頃

馬と騎兵は早くも青銅器時代に、戦争に多大な影響をおよぼしていたが（28ページ参照）、西洋では古典時代、歩兵が依然として優勢だった。ローマ人は騎兵を戦闘の周辺に追いやり、地位の低い補助軍（アウクシリア）に運営をまかせることが多かった。中世までにこうした状況は一変し、数世紀にわたり騎乗の騎士が表面的には優勢となった。

19世紀には、この歩兵と騎兵の運命の逆転が、紀元378年のハドリアノポリス（アドリアノープル）の戦いからはじまったと特定され、この戦争では、ローマ軍団がゴート族の騎兵に惨敗した。４世紀のミラノの大司教聖アンブロシウスが「すべての人類の終わり、世界の終わり」とよんだこの大敗では、ローマ皇帝ウァレンスをふくむ約４万のローマ兵が、東ゴート族の重騎兵隊に両翼をつかれて虐殺された。「カンナエの戦いを除き、記録に残る殺戮でこれほど破壊的なものはない」と、ローマの歴史家アミアヌス・マルケリヌスはおよそ10年後に書いている。

騎乗の兵士

20世紀初頭には、異なる意見が浮上してきた。ハドリアノポリスの戦いのあと、ローマ軍が遅ればせながら自軍の騎兵隊を増強しようとしたというのは本当だったかもしれないが、騎兵がかなりあとになるまで優位に立てなかったのは明らかである。西ローマ帝国の滅亡後、ヨーロッパ全土の領土は「蛮族」の手にわたったが、なかでも傑出していたのがフランク人だった。メロヴィング朝、のちにはカロリング朝のもと、フランク人はその旗じるしのもとにヨーロッパの大半を統一しようと奮闘するいっぽう、サラセン人（南部に侵入したムスリム）、東部に侵入したアヴァール人のような騎馬民族、さらに北部および西部に侵入した海賊ヴァイキングからの攻撃を撃退していた。

その過程で、それまでの後期ローマ帝国の社会秩序が、封建制度へと移行していった。封建制度では、権力はピラミッド構造に帰し、地方領主は上位の貴族に忠誠を誓う見返りとして、１区画の土地とそこの住民に対し所有権を行使した。この地方権力とひきかえに、封建領主は求めに応じて、甲冑で身を固めた騎乗の騎士が率いる完全装備の戦闘部隊を提供することになっていた。こうした騎士は、本質的に馬に乗った人間どうしの戦いであり、歩兵はとるにたりない付け足しとみなされていた戦争において、無敵と信じられていた。

当時の社会的、政治的、経済的、軍事的秩序に、このような途方もない革命をひき起こしたものとはなんだったのだろうか。リン・ホワイトは、その独創性に富んだ1962年の著書『中世の技術と社会変動』のなかで、それは鞍から下がるひもの端にとりつけた、木やロープ、または金属でできた踏板（足がかり）、すなわち「あぶみ」だとしている。最初期のあぶみは紀元前１世紀ごろにさかのぼり、史料によってシベリア南部またはインド発祥とされる。紀元５世紀から６世紀までにあぶみは、東は中国、朝鮮、西ははるかアヴァール

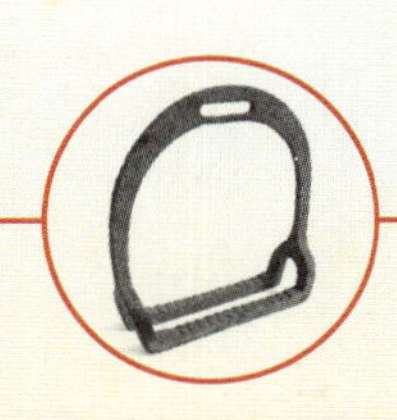
あぶみ

人にまで広がった。あぶみをそなえたアヴァールの騎馬戦士はきわめて有能であったため、7世紀初期のビザンツ帝国の軍の教練書『ストラテギコン（Strategikon）』の作者は、おそらくはっきりした証拠もないのにこう主張している。「彼らは馬の背で育てられたので、運動不足により、自分の足でまったく歩きまわることができない」。ホワイトによると、あぶみは紀元9世紀ごろになってようやくヨーロッパに浸透したが、いざ伝わると、社会を変革させるほどの影響をおよぼしたという。

新しきものの衝撃

「あぶみほど単純な発明品もまれだが、歴史にこれほどの影響をあたえたものもまれである」とホワイトは書き、「あぶみ、騎兵突撃、封建制度、騎士道制度」を結びつけた、その論議をよぶ有力な主張を展開している。「1000年前から知られている騎乗の兵士はことによると、人間と馬とを一体化し、戦う有機体にしたあぶみによってつくられたのかもしれない」。ホワイトは、あぶみのおかげで騎兵は新たな無敵の戦闘方法——「騎兵突撃」——をとり入れることができたと主張している。この方法では、騎兵は槍（ランス）を下段にかまえて（すなわち、槍を脇の下にぴったりかまえて）突撃し、目標に思いきり打ちこむことができるうえ、その衝撃に耐え鞍にとどまっていることもできた。あぶみの登場で、装甲騎兵はその国のきわめて重要な戦力になったが、これは社会経済的影響をおよぼした。大型の馬や重武器、重甲冑は目の玉が飛びでるほど高かったので、中央集権権力（すなわち王とその宮廷）にはまかないきれなかった。かわりに、この新種の兵士を装備し維持する責任は騎兵自身にゆだねられ、騎兵はその資金をまかなうのに必要な土地と臣下をあたえられた。封建制度は、あぶみをとり入れたことによる必然的な結果であり、自己永続的なシステムとなった。「あぶみが可能にした新たな戦争形式は、それまでにないきわめて特殊な方法で戦えるように土地をあたえられた戦士貴族によって支配される、新しい形態の西ヨーロッパ社会を出現させた」と、ホワイトは記している。

あぶみ論争

技術がすべてを決定するとするこの主張は、激しい批判を浴びた。そのもっとも痛烈な批判者のひとりがバーナード・バックラックで、考古学的証拠は「あぶみが馬に乗る人びとのあいだで一般に使用されていたとも、騎兵突撃という戦闘方法の発達をうながしたとも」示してはいないと主張した。さらにあぶみは、西ヨーロッパに伝わってからすくなくとも2世紀のあいだ、軍事的に重要なものにはならなかったとも主張している。いわゆる「あぶ

「それからサン・ポル伯爵はあぶみに足をかけて立ちあがり、剣を引き抜き、すさまじい打撃で敵の軍勢をみごとに粉砕した」

ウィリアム・ザ・ブレトンによる、ブーヴィーヌの戦い、1214年

み論争」について書いたなかでジョン・スローン教授は、ホワイトは「軍事制度と、それを生みだした社会の社会政治的制度との関係というより根本的な問題を考慮せずに、技術的な問題に注目している」と指摘している。

ホワイトの主張にはほかにも批判が向けられており、それには、封建制度が出現するずっと以前にアヴァール人があぶみと「突撃」戦法をヨーロッパに伝えたとか、鞍が決定的要素となって槍（ランス）を下段にかまえての突撃が可能になったとか、あるいは、あぶみを使うことで、ほかの多くの国家や民族——ビザンツ帝国民やアラブ人など——が、結果的に封建制度におちいることなく重騎兵を保有できたといったものがある。

今日あぶみは、重騎兵と関連する戦闘方法の発達において重要な要素であったことは認められているが、あぶみの採用から突撃戦術を行なう重騎兵、封建国家というように、これらが漫然と連続的に進展したと主張するのはあまりに単純すぎるとみなされている。さかのぼること1924年、軍事歴史家の第一人者チャールズ・オーマンは著書『中世の戦術史（A History of the Art of War in the Middle Age)』のなかで、「[フランク王国のメロヴィングおよびカロリング朝における]（一般徴募兵から臣下へと転換する）傾向は、小規模ながら一部あるいは全員が騎兵である完全武装の忠実な部隊には、はるかに大規模な一般徴募兵の軍ほどの価値があったので、まったくたやすいことだった」と記している。ようするに国内治安の悪化が、封建騎兵制度の発達をうながした最大の要因だったのである。

あぶみの役割と影響をめぐる論争は、軍事史における決定的要因としての技術の重要性をめぐるより広範な論争を反映している。ジョン・スローンはこう問いかける。「軍団（レギオン）を従えたカエサルが、北ガリアで、戦闘隊形に配置されたシャルルマーニュ（カール大帝）やフルク・ザ・ブラック（フルク３世）、ウィリアム１世（征服王）の軍隊と対峙していたら、あぶみなしでは、すくなくともケルト人を破ったほどすみやかには粉砕できなかっただろうと、どうしていえるだろう」。つまり、軍事の背後にある社会経済的体制こそが、最大の決定要因なのである。組織化され一致団結し秩序だったレギオンと、経済的に強大な国家はつねに、どれだけ完全武装の騎兵にしたてようと、社会経済的に混乱した国家の軍隊に打ち勝つだろう。結局のところは、社会経済学が技術にまさるということなのだ。

発明者：

カリニコス

ギリシア火

タイプ：

可燃性液体

社会的

政治的

戦術的

技術的

紀元678年頃

ギリシア火は軍事史における大きななぞのひとつで、歴史の流れを変えた恐るべき武器だったが、その秘密はすでに失われている。現代のナパームにたとえられることの多いこの武器は、めずらしい物質からなる可燃性混合物で、かけると目標にべったりとまとわりつき、消火することがほぼ不可能だったので、恐怖と混乱をひき起こした。

燃えあがらせて

ギリシア火や、ペルシア火、液火といった関連語は、中世のさまざまな可燃兵器に使われていたが、真のギリシア火はビザンツ帝国の門外不出の製法によるもので、どうやら7世紀後期に配合されたらしい。だがその祖先は古代にまでさかのぼる。なんらかの形態の液火がアッシリアのローレリーフ（浅浮き彫り）に描写されているように見えるいっぽう、煮えたぎる油の入った壺や炎をあげるナフサ（天然に産するピッチや石油を表す古代の用語）といったほかの比較的単純な焼夷兵器は、すくなくとも聖書の時代から使われており、ギリシア人やローマ人に知られていたばかりか、利用されてもいた。

紀元570年ごろのヨハネス・マララスの『年代記』の記述によって裏づけられているように、ビザンツ帝国民自身はすくなくとも1度、ギリシア火の原型を使用していたと思われる。マララスは、ビザンツ皇帝アナスタシオス1世が紀元516年、ウィタリアヌスというトラキア人の将軍による反乱をなんとか鎮圧しようと、「名高い、アテナイの哲学者プロクロス」に助けを求めたと述べている。プロクロスは帝国の顧問マリヌス・ザ・シリアンに助言した。

「わたしがあたえるものをもって、ウィタリアヌスに立ち向かいなさい」。そして哲学者は、元素硫黄として知られているものを大量に用意し、すりつぶして細かい粉末状にするよう命じた。プロクロスはそれをマリヌスに渡すとこう言った。「この粉を建物であれ船であれ投げつければ、日の出とともに、建物も船もたちまち発火し、炎に焼きつくされるでしょう」。（…）ウィタリアヌスはコンスタンティノープルを攻撃するため出発したが、かならずやこの都市を攻略し、軍を率いて会見にやってくるマリヌスを完全に打ち負かせると確信していた。そこで、マリヌスは元素硫黄を分配し（…）兵士と水兵にこう言った。「武器はいっさい必要ない。ただこの粉を向かってきた船に投げつければよい。そうすれば、船は火がついて燃えあがるだろう」（…）反逆者ウィタリアヌスのすべての船に火がついて炎上し、その軍にくわわっていたゴート人、フン人、スキタイ人の兵士もろともボスポラス海峡の底に沈んでいった。

勝利の香り

1世紀半後、ビザンツ帝国は最大の脅威——イスラム初期のアラブ人の拡大——に直面した。ウマイヤ朝イスラム帝国の征服により、アラブ軍はコンスタンティノープル（コ

「ギリシア火（…）海戦においてこれほど危険で、これほど残忍な武器はあるだろうか」

『第３回十字軍年代記（The Chronicle of the Third Crusade: The Itinerarium Peregrinorum et Gesta Regis Ricardi）』、1190年頃、ヘレン・J・ニコルソン編・訳

ビザンツの攻囲戦手引き（Poliocretica）に描かれた、攻囲中、仮設橋から攻撃に使用される携帯型サイフォン（手持ち式ギリシア火噴霧器）。

ンスタンティノポリス）のほぼ入口にまで迫っていたが、要塞は難攻不落なうえ、帝国は依然として制海権を握っていた。紀元672年から678年のあいだ、ウマイヤ朝軍と艦隊がコンスタンティノープルに投入されたが、陸と海から、新秘密兵器で攻撃を受けた。この兵器は、キリスト教徒のシリア人難民、ヘリオポリスのカリニコスが、ビザンツ皇帝コンスタンティノス・ポゴナトスのために開発したものといわれている。

だが実際に混合物が配合されても、話はまだ半分しか終わっていなかった――重要なのは、ギリシア火を噴霧するために開発された技術だったからだ。コンスタンティノスはドロモン船（戦争用ガレー船）にサイフォン（ポンプ式の噴霧器）をとりつけた。これはおそらくひとつの容器からなり、そのなかでギリシア火の混合物が熱せられ、それが青銅製のドラゴンやライオンの口のなかに固定したホースから吸いだされ、その前方に点火装置がつるされていたのだろう。このようにギリシア火は、実際には高度な火炎放射兵器システムだったのである。これはアラブ軍の艦船ばかりか、陸の兵士にとっても破壊的な武器で、後者に対しては、防御側によって海軍用サイフォンの手持ち型であるカイロサイフォンからギリシア火が噴霧された。

ギリシア火のおかげもあって、アラブ軍は678年に攻囲の中止を余儀なくされ、さらに717年の攻囲も同様の目にあった。成功裏に終わったコンスタンティノープル防衛戦は、世界史上もっとも重要な戦いのひとつとして広く認められている。当時、ヨーロッパの大半は、（北アフリカとスペインのように）簡単にムスリム侵略者のえじきになっていたであろう混乱した弱小国家ばかりだった。ビザンツ帝国は、地中海地方に残された唯一の統制のとれた国家だった。かりに陥落していれば、アラブ軍はバルカン半島を通って中央ヨーロッパへとなだれこんでいただろう。実際には、コンスタンティノープルはさらに750年間もちこたえ、ヨーロッパに自衛できるほど強大な国民国家が育つまでの貴重な猶予をあたえたのだった。

秘密の製法

正確な製法は門外不出であり、すでに失われたが、一般には硫黄、ピッチ、硝酸カリウム、石油、生石灰の混合物だったと考えられており、マグネシウム（現代の焼夷兵器の成分のひとつ）もふくんでいたかもしれない。マグネシウムはきわめて反応性に富む金属で、水中でも燃焼する。これは、ギリシア火をあのような恐ろしい武器にしている特徴のひとつである。

火が消える

ギリシア火は国家機密とされていた。10世紀なかば、ビザンツ皇帝コンスタンティノス7世ポルフュロゲネトスは息子にあてた手紙のなかで、この秘密は同盟国にも明かしてはならないと念を押した。おそらくこの秘密主義のために製法は失われたのだろうが、1204年には、ビザンツ帝国はもはや、ギリシア火をこのような強力な武器にした一連の技術を利用できなくなっていたと思われる。

しかしこのときにはもう、同様の焼夷兵器がサラセン人によって使用され、十字軍に対し配[illegible]れていた。1190年ごろに書かれた『第3次[illegible]軍年代記（The Chronicle of the Third C[illegible]de: The Itinerarium Peregrinorum et G[illegible] Regis Ricardi)』には、ダミエッタのサ[illegible]ン人が、風向きが変わったせいで自軍が[illegible]た炎に包まれ火だるまになったようすが[illegible]され、その消火方法について有益な助言[illegible]こう記述されている——水では消せないが、[illegible]に砂をふりかければ消すことができる。酢をそそいでも、鎮火される。

ジャン・ド・ジョアンヴィルはその第7回十字軍の記録のなかで、1250年のマンスーラの戦いでサラセン人がギリシア火を使ったと記している。いっしょに装填された飛び道具が巨大なバリスタから発射され、それは「大樽に似ていて、長槍ほどの長さの尾がついていた。雷鳴のような轟音をとどろかせ、巨大な火竜が、白昼と同じくらいはっきりと、わが軍の野営地が見渡せるほどの光を放ち、空をきって飛んでいるかに見えた」と書いている。しかし火薬が伝来し、とくに戦艦に大砲がとりつけられるようになると、ギリシア火が使える範囲まで敵船に近づけなくなったため、しだいに時代遅れになっていった。

「ギリシア火」（すなわち可燃性物質）の樽を、攻囲した砦に投射する中世のトレビュシェット。

12

発明者：

ヨーロッパの刀鍛冶

中世の剣

タイプ：
刀剣

社会的 ■
政治的 ■
戦術的 ■
技術的 ■

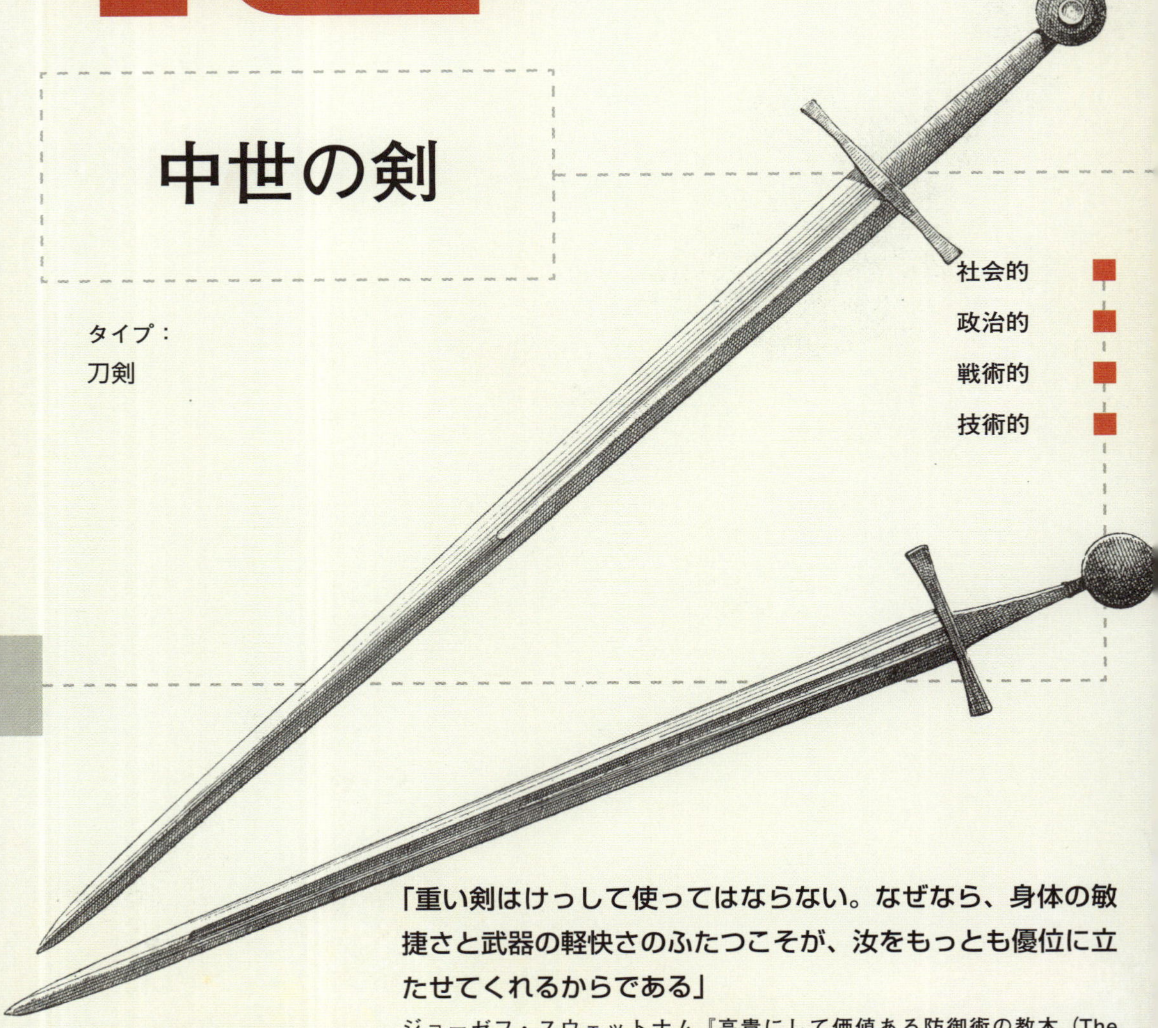

「重い剣はけっして使ってはならない。なぜなら、身体の敏捷さと武器の軽快さのふたつこそが、汝をもっとも優位に立たせてくれるからである」

ジョーゼフ・スウェットナム『高貴にして価値ある防御術の教本（The Schoole of the Noble and Worthy Science of Defence）』（1617年）

紀元1000–1600年

中世ヨーロッパでは、ヴァイキングの片手で扱う剣から、16世紀のスイスのドッペルゼルドナー（倍給傭兵）の全長1.8メートルにもなるツヴァイヘンダー（両手剣）にいたるまで、驚くほど多種多様な剣が使用された。この時代の典型的なヨーロッパの剣は長剣（ロングソード）で、全長89センチを超えるまっすぐな両刃をそなえ、重さは0.9～2キロあり、片手用または両手用のほか、「片手半剣（ハンド・アンド・ア・ハーフ）」（片手・両手兼用）の握りがついたものもあった。

アーミングソード

ロングソード（ドイツ語ではランゲスシュヴェアート、イタリア語ではスパドーネ）は、より広く普及しているアーミングソードから発達した。アーミングソードとは、騎士がベルトにおびた剣の総称である。アーミングソードは比較的短い片手剣で、鎖かたびらを切り裂くのと同時に、片方の手にバックラーとよばれる小さな丸盾を持てるように設計されていた。

この剣も同様に、ヴァイキングやノルマン人が使っていた類似した剣の流れをくんでいた。アーミングソードは一般に、シンプルな十字鍔（クロスガード）（十字柄（クルシフォームヒルト）ともよばれる）がついた、のみのように鋭い切先と、断面が扁平またはくぼんだ六角形になった、幅広で非常に薄い剣身をそなえていた。

アーミングソードは1000–1350年ごろから普及したが、剣は武器と甲冑という複雑なつづれ織りの一部だった。クロスボウ、ロングボウ、棹状武器の威力に対処するため、甲冑は変化し、板金甲冑が考案され、しだいに鎖かたびらにとって代わっていった。15世紀後期までに騎士は、一見まったくすき間のない、関節のある板金甲冑に身を固めていたと思われる。これは結果として、剣のデザインにとりこまれることになり、アーミングソードはより長くわずかに重い剣へと姿を変え（ロングソードは扱いにくく重いというのが定説だが）、汎用性の高さはそのままに、刺突を意図して設計された。

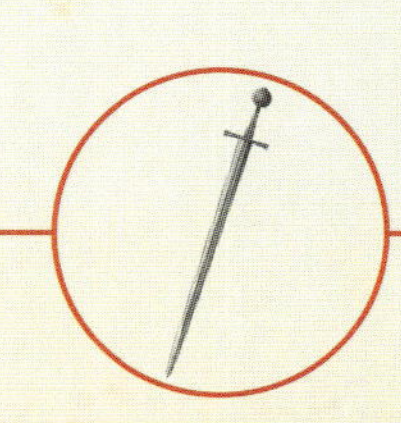

剣術

ロングソードの使い手の目標は、甲冑を剣で強打したり、へこませたり、ほじくったりして、なんとかすき間をつくり、そこに切先をつき刺すことである。ロングソードの使用は、14世紀ドイツの剣術家ヨハンネス・リヒテナウアーのクンスト・デス・フェヒテンス(「剣術」)のような複雑で洗練された武術へと発展した。リヒテナウアーはみずからの教えを一連の暗号化された韻文にして秘密にしたが、弟子たちは師の体系を伝承し発展させ、詳細な記録を残す伝統をつくりあげた。

ロングソード剣術の核は、4つの基本構え——あらゆる動きにそなえる防御または攻撃の構え——である。これは鋤(プフルーク)、雄牛(オックス)、屋根(フォム・ターク、文字どおり「屋根より」の意)、愚者(アルバー)として知られている。たとえば愚者の構えは、切先を地面近くに降ろして剣を構え、相手の攻撃を誘う。鋤の構えでは、柄を腰につけ、切先を相手の目に向けて、剣を構える。こうした基本の構えから、ロングソード剣士はスムーズに受け流すか、攻撃するかのいずれかの動きをとることができた。リヒテナウアーの流派では、攻撃はドライ・ヴンダー(「3種の傷を負わす者」)とよばれ、打つ、つく、斬るの基本3つがある。

剣のあらゆる部分が使われ、たとえば十字鍔は、相手の剣身をとらえて近くに引きよせたり、押しやってバランスをくずさせたりするのに使うことができた。また柄頭を手のひらにあて、つきをより強くすることもあった。さらに、自分の剣身の真ん中あたりをつかむハルプシュヴェアート(「半剣」)というテクニックもあり、これを使うと相手に武器を手放させるのがより容易になった。

15世紀のフェヒトブーフ(「戦いの本」すなわち武術書)の挿絵に描かれた、基本的な鍔のついたロングソードで戦うふたりの剣士。

十字鍔の上部にリカッソ（副次的な握り）がついた両手剣を装備した、16世紀のランツクネヒト傭兵。

なんとよぼうと剣は剣

中世とルネサンス初期の剣の術語は複雑でまぎらわしいものが多いが、それはとくに、もっとも一般的な名称の多くが実際にはあとから改変されているためである。例をあげれば、「広刃剣（ブロードソード）」という言葉は今日、中世のすべての剣をさす総称になっているが、歴史的に見ると一度ももちいられたことがなかった。これは18世紀か19世紀につくられた新語で、中世の剣のうち比較的剣身の幅広いもの（つき刺すのはもちろん、切りつけたりたたき切ったりするのにも使えた）を、のちのより幅の狭いものと区別するために考えだされた。同様に、ツヴァイヘンダー（「両手剣」）という言葉も比較的最近のもので、ほかにドッペルヘンダー、バイデンヘンダー、スローターソード、シュラハトシュヴェアート（「闘剣」）ともよばれていたようだ。

大剣（グレートソード）

16世紀と17世紀には、歩兵用の剣が最後の最盛期を迎えた（剣は19世紀末まで、騎兵や決闘者にとっては重要でありつづけた）。ロングソードはまさに巨大なものへと進化し、グレートソード、ダブルハンダー、真の両手剣などさまざまな名称で知られた。この剣身はとてつもなく長かったので、両手で使う必要があり、さらに十字鍔の上にリカッソ（刃根元）とよばれる副次的な握りがついていた。これは剣身の刃をつけていない部分で、パリアハーケン（「パリングフック」）ともよばれる突起によって保護されていた。

おそらく両手剣はもともと、板金甲冑に深刻なダメージをあたえられるほど重たい剣を意図してつくられたのだろうが、実際にはそうした甲冑を切り裂くのは不可能だったので、グレートソードはその外見と流布していた神話にもかかわらず、それほど重くはなかった。武具と甲冑の所蔵品で知られるロンドンにある博物館・美術館、ウォレスコレクションの元館長で、現在は保存責任者をつとめるデイ

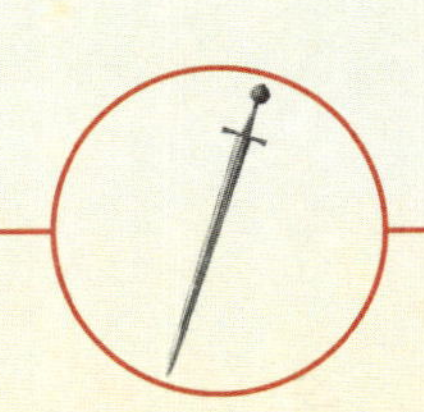

1495年のフォルノーヴォの戦いを描いた版画。スイスのドッペルゼルドナーと、その両手剣の目標になるパイク兵の方陣が見える。

ヴィッド・エッジはこう説明する。「オリジナルの武器は、たいていの人が思っているよりも実際にははるかに軽く（…）当館の武具コレクションからふたつ例をあげれば、『平均的な』中世後期の十字鍔剣で1.4キロ、ランツクネヒトの両手剣で３〜４キロです。行列用の両手剣はたしかに重いものが多いですが、それでも4.5キロを超えることはめったにありません」

剣を軽くすることは単純な物理学の問題である。というのは、運動エネルギーの方程式（剣身が蓄積し、衝撃力を生みだすために使うエネルギー）は、1/2×質量×速度^{2}だからだ。軽い剣はより速くふることができるので、この方程式から、剣身の質量を２倍にすると衝撃力が２倍になり、速度が２倍になればエネルギー量が４倍になることがわかる。

それでも、長さが1.8メートルにもなる剣身を効果的にふるうにはスキルと大きな力が必要になる。スイスやドイツのドッペルヘンダーは、ドッペルゼルドナーとよばれる大男の兵士が使用し、倍の給料をもらっていた。ドッペルゼルドナーの第１の目的は、騎士との一騎打ちではなく（だが驚くべきことに、決闘で使われることもときどきあった）、槍兵のパイクや鉾槍（ハルベルト）をなぎはらい、その先端を切りはらい、続いてその持ち主を切りつけ、つき刺して、パイク兵の方陣をくずすことだった。たとえば1500年代初期、イタリアの人文主義者で歴史学者のパオロ・ジョヴィオは、1495年のフォルノーヴォの戦いで、スイスの兵士が両手用のグレートソードを使ってパイクの柄を切りはらうようすを描写している。

ロングソードの解剖

[A] 柄頭（ポンメル）
[B] 握り（グリップ）
[C] 十字鍔（クロスガード）
[D] 柄（ヒルト）
[E] 剣身最強部（フォルト）
[F] 棟（ショートエッジ）
[G] 刃先（ロングエッジ）
[H] しなり（フォワブル）
[I] 切先（ポイント）
[J] 剣身（ブレード）

柄には、柄頭（平衡錘の役割をするほど大きい）、握り、十字鍔がふくまれる。剣身は、鍔（つば）に近い下半分の剣身最強部、上半分のしなりのふたつに分けられる。このふたつの用語は、剣身が相手の体に押しつけられた際に働くてこの作用に関連している。切先が触れただけなら、てこの力はわずかしか働かないので、剣身は簡単に押しのけられるが、ずっとすばやくあやつることができる。剣身の各名称は、剣の握り方にしたがってつけられており、「ロング」エッジ（刃先）はグリップを握った指の第2関節にもっとも近い刃で、いっぽうショートエッジ（棟）は、前腕にもっとも近い刃をいう。

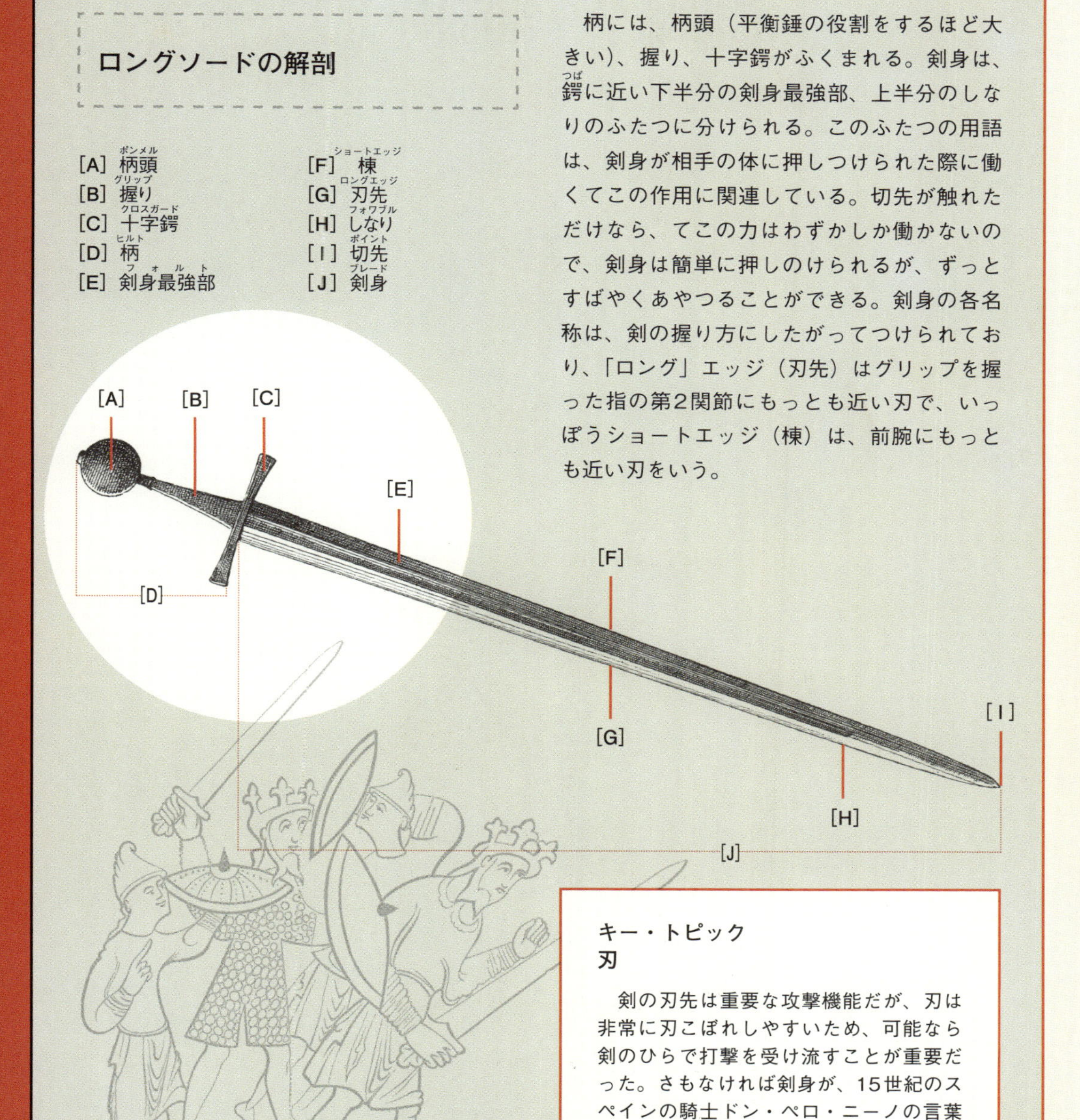

キー・トピック
刃

剣の刃先は重要な攻撃機能だが、刃は非常に刃こぼれしやすいため、可能なら剣のひらで打撃を受け流すことが重要だった。さもなければ剣身が、15世紀のスペインの騎士ドン・ペロ・ニーノの言葉を借りれば、「のこぎりの歯のようにぎざぎざになってしまう」おそれがあった。

13

発明者：

古代中国人

平衡錘式
トレビュシェット

社会的

政治的

戦術的

技術的

タイプ：

重投射武器

1097年以前

トレビュシェットは単純なてこの原理で動作するカタパルトで、片方の端が下がると、もう一方の端が上がって、とりつけられた飛び道具を打ちだすしくみになっていた。しかしこうした発想の単純さのもとには、設計にかかわった工学的才能と、この武器の破壊的な効果、さらにはその発明に起因する広範囲にわたる影響が隠されている。トレビュシェット史研究家のポール・シェヴァデンは、この装置が「機械戦争の発達における頂点」であると述べ、ほかの歴史家はさらにトレビュシェットが、国民国家の出現と時計仕掛けの発達、理論力学の革新をうながしたとまで考えている。

牽引式、ハイブリッド式、または平衡錘式

トレビュシェットには、牽引式、ハイブリッド式、または平衡錘(カウンターウェイト)式の3種類がある。どれも全体的な形態はほぼ同じで、フレームには長い投擲アームが装備され、その基部付近に旋回軸がついており、アームの長いほうの端には、石をのせるカップか投石ひもがとりつけられている。牽引式トレビュシェットは、人力か畜力によってアームの短いほうの端を引き下ろし、ハイブリッド型では、平衡錘が短いほうの端につけくわえられ、引っぱる人や動物を支援する。いっぽう平衡錘式トレビュシェットは重力を利用したもので、投擲アームを引き下ろして重い平衡錘をもちあげ、続いてアームを離すと、平衡錘が下に落ちるとともに石が打ちだされた。もっとも発達した形状では、平衡錘は土や石をつめる箱になっている。フランスの建築家ヴィラール・ド・オヌクールのスケッチブック（1230年ごろ）には、30トンのバラストをつめられる約18立方メートルの容積がある平衡錘の箱が描かれている。そのような装置は、100キロの石を400メートル以上、また250キロの石を160メートル以上放り投げることができた。最大級のトレビュシェットでは、最高1500キロまでの石を発射することが可能だった。

竜巻とロバ

トレビュシェットという言葉は中期フランス語の「trebucher」（「倒れる」「転ぶ」の意）という動詞から派生したものだが、この装置自体は古代中国が起源で、紀元前4世紀まで使われていた。中国の兵書『武経総要』には、小型だが速射できる2人式の型から、「竜巻」とよばれる、250人で引っぱって60キロの石弾を75メートル以上飛ばせるものまで、牽引式トレビュシェットが記述されている。牽引式トレビュシェットはみごとな発射速度を達成できた。

この技術は、中国人からアラブ人を経由してビザンツ帝国民に伝わり、さらにビザンツ帝国民から、ボウサスという名の捕えられていた技術者を経由して、バルカン半島に侵入していたアヴァール人とスラヴ人に伝わった。ハイブリッド式トレビュシェットは、より重い飛び道具をより遠くにはね飛ばすことができた。紀元960-961年のカンディア（イラクリオン）攻囲では、ビザンツのトレビュシェットが、200キロを超える重さの生きたロバを都市の城壁の向こう側に投げこんだといわれる。

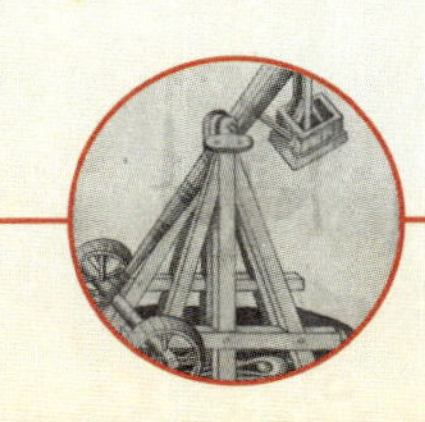

地震の娘

平衡錘の発達は、トレビュシェットの型にいま一歩の変化をもたらした。その起源については論議があるものの、1097年以前に、ビザンツ皇帝アレクシオス1世コムネノスによって考案されたらしい。アレクシオス帝は、巨大なサラセン人の要塞に立ち向かうのに必要となるこの装置を、第1回十字軍のフランク人にあたえた。皇帝の娘で年代記作者のアンナ・コムネナは、1097年のニカイア攻囲で皇帝が、彼女が「ヘレポリス」(「攻城者」、34ページ参照)とよぶ巨大なトレビュシェットを建造し、それは「そうした機械の従来の型ではなく、皇帝みずからが構想を打ちだしてつくったもので、すべての人を仰天させた」と記録している。

そして十字軍がこの進歩をヨーロッパ全域に広めたのにちがいない。1185年のノルマン人によるテッサロニケ攻囲をじかに体験して書かれたある記述では、「地震の娘」とよばれる巨大なトレビュシェットをはじめとする「新発明の重投射兵器」について語られている。1199年には、「tabuchus」とよばれる平衡錘式トレビュシェットがヨーロッパではじめて、北イタリアのカステルヌオーヴォ・ボッカ・ダッダ攻囲の際にはっきりと記録された。第2回十字軍までに膨大な数のトレビュシェットが使用され、畏敬と恐怖をいきわたらせた。

トレビュシェットは、比較的安価な建造費で、高い発射速度と大きな威力を実現できた(だが大型の機械をつくるのは、大規模な土木計画になることもあった。14世紀はじめ、エドワード1世のスコットランド遠征のために建造された巨大トレビュシェット「ウォーウルフ」は、製作に54人がかりで3カ月を要した)。この結果トレビュシェットは、攻城砲が火薬以前のほかの攻城兵器を時代遅れにしたずっとあとまで、攻城砲列の一部として生き残った。

第3回十字軍のアッコ攻囲で、戦闘に使用されるトレビュシェット。

「翌日、彼らはふたたび、はいだばかりの獣皮と厚板でおおわれたこのトレビュシェットをもちだし、都市の城壁近くにおくと打ちだしはじめ、われわれに向けて山や丘を投げつけた。これほど巨大な石を、ほかにどう一語で言い表わすことができよう」

テッサロニケの大司教ヨハネス1世『聖デメトリオスの奇跡(Miracles of St. Demetrius)』、615年頃

平衡錘式トレビュシェットの解剖

[A] 旋回箱式平衡錘
[B] 投石ひも
[C] 投擲アーム
[D] フレーム

平衡錘式トレビュシェットは、石を放り投げるために生みだされる力を増加させるだけでなく、投擲アームの下の空間を占める牽引係も不要にした。そこで梁の下の空いたところを投石ひもが通れるようになったため、より長い投石ひもを使うことが可能になり、射程距離が延長された。

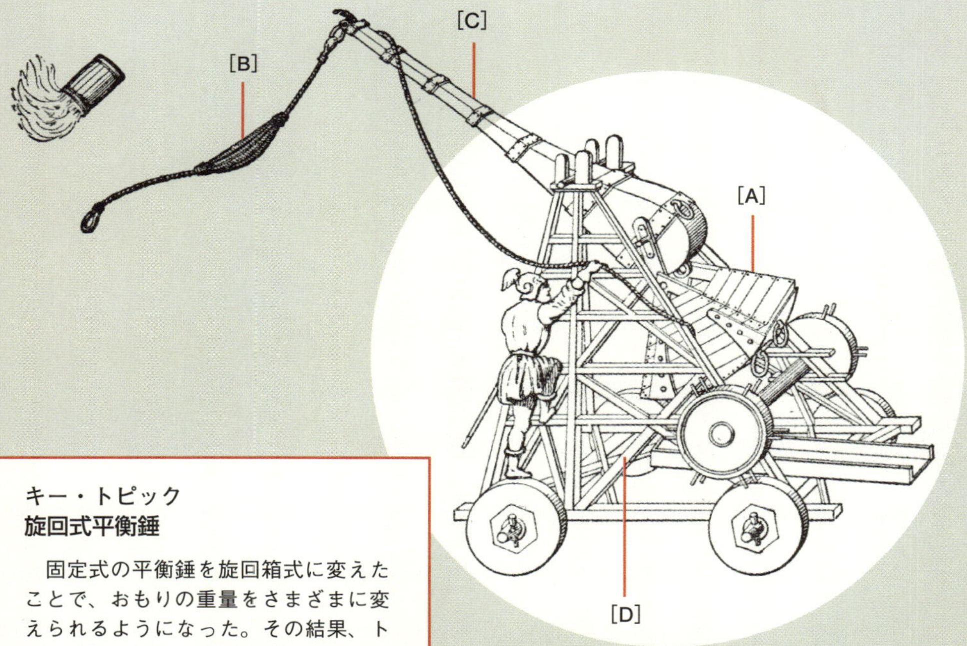

キー・トピック
旋回式平衡錘

固定式の平衡錘を旋回箱式に変えたことで、おもりの重量をさまざまに変えられるようになった。その結果、トレビュシェットの射程距離を調整することが可能になり、さらに命中精度も向上した。1124年の第２次テュロス攻囲についての記述でテュロスのウィリアムは、ハヴェディックというアルメニアの投射兵器技師が「じつにみごとな技能で機械を操作し、巨大な石弾を投げつけたので、目標にされたものはことごとく、たちまち造作なく破壊された」と書いている。

14

発明者：

古代中国人

中世の弩（クロスボウ）

タイプ：

投射武器

社会的

政治的

戦術的

技術的

「神に憎まれるものであり、キリスト教徒にふさわしくない」

ローマ教皇インノケンティウス２世、クロスボウを評して、1139年

13世紀頃

紀元前6世紀ごろまでに中国で発明され、古代ギリシア人とローマ人には初期のバリスタの形で知られていた弩（おおゆみ）は、ヨーロッパの後期中世になってはじめて全盛期を迎えた。10世紀ごろにヨーロッパに伝播したクロスボウは、簡単な操作と、当初は比較的単純な構造で威力を発揮した。太矢をつがえる表面、引きしぼった弓の弦を固定するナット、要請に応じて弦をゆるめ発射する引き金からなるクロスボウは、現代の小火器を発射するのと同じやり方で強力な発射体を射出できた。

弓を引きしぼる力とたわみ

弓の物理学とは、弓に蓄積されたエネルギーが、弦や太矢の質量といった変数に応じて、発射体にあたえられるエネルギー変換効率を意味している。クロスボウは比較的重い太矢、とりわけ重い弦を使用していたので（クロスボウによって生みだされる非常に大きなドローウェイト［弓を引くのに必要な力］に対処する必要があった）、弓を引きしぼる力が太矢の速度に変換される効率はあまり高くなかった。解決策は、複合材料やのちの鋼鉄のような革新的材料を弓に使用することによって、ドローウェイトをさらにいっそう強めることだった。こうした材料は、長弓をはるかに超えるかなり強力なドローウェイトを生みだすことができた。初期のクロスボウのドローウェイトは68キロくらいで、有効射程は64メートルにすぎなかったが、クレインクインという機械仕掛けの爪車で弦を引く15世紀の型は、ドローウェイトが180キロにおよび、もっとも威力のあるロングボウの2倍以上だった。ウィンドラスという巻き上げ器によって引く、壁の上に固定するタイプの大型クロスボウは、ドローウェイトが544キロで、射程距離は420メートルだった。

それほど強力な引く力を生みだすということは、クロスボウを引きしぼることが重労働にならざるをえなかったということである。古代ギリシア人は「ベリーボウ」を使用していたといわれ、それは弓を腹部に押しつけて引きしぼるようになっており、おそらく射手は横になり、両脚を使っていたのだろう。中世初期のクロスボウは、弓床の端についた踏み輪（つま先や足を引っかける輪）をもちい、射手は脚の力を利用して引いていた可能性がある。この「鉤爪」はまもなく、弦を固定できるベルト通しで補助された――この「ベルト・アンド・クロー」方式を使えば、射手は背筋をまっすぐに伸ばすだけで弓を引きしぼることができた。この方式は、ドローウェイトをさらに増加させるには機械的な補助が必要だと理解されるまで、いちばん人気が高かった。とくに壁の上に固定して使うような大型のものには、「ヤギ足」レバー、クレインクイン、ウィンドラスなどの装置が使われた。そうした装置の利点は、使用者が自分の両腕だけで弓を引けるので、騎兵が馬を下りることなくクロスボウを使用・再装填できるようになったことである。

弓（「プロッド」）は、弓床（ふつうは木製だが、金属製のものもある）に対し直角にとりつけられていた。引きしぼった弦を骨や象

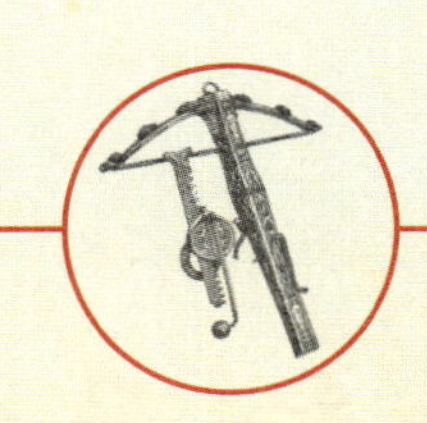

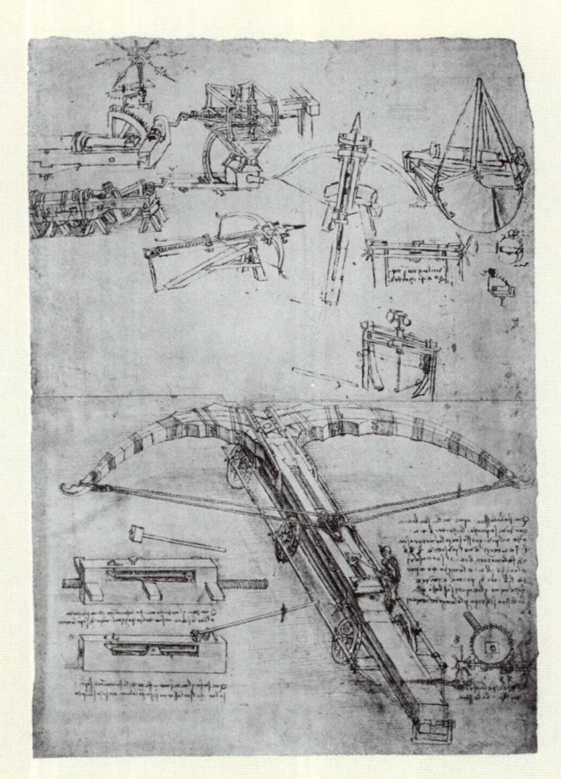

レオナルド・ダ・ヴィンチ手稿のひとつにある巨大なクロスボウのスケッチ。おもに敵軍を威嚇する心理兵器と考えられる。

牙などでできたナットで固定し、ボルトやクォーラルとよばれる矢を射軸の矢溝に装着した。弓自体は木製か、角やクジラひげ、イチイや腱などの複合材料でできていた。14世紀になると、鋼鉄製の弩（スティールボウ）が出現しはじめた。この弓の弦は、たいていは麻を堅くよりあわせたコードでできていた。

クロスボウの中世における最大のライバルはロングボウ（66ページ参照）で、このふたつには補完的な長所と短所があった。ロングボウの発射速度は、クロスボウをはるかに上まわっており、1346年のクレシーの戦いでイングランド軍長弓兵がジェノヴァ人弩兵に勝利できたのは、そのおかげだった。戦場で弩兵は、再装填の際にはパヴィスとよばれる大型の盾の陰に身を隠し、もっとも無防備なうえ動きが制限される状況を切りぬけた。そのいっぽうでクロスボウは、前もって弓を引き、必要になるまでそのまま矢を射る準備をしておくことができた。クロスボウはまた、配備のためのスペースがあまり必要なかったので、戦場で使用するより攻城兵器のほうが向いていた。

イコライザー

おそらくクロスボウの最大の強みは、ロングボウの場合、高度なスキルを身につけるのに何年もの修練と練習が必要なのに対し、兵士はわずか1週間で熟練者になれたことだろう。このことと甲冑をもつらぬくその威力は、クロスボウをちょっとしたイコライザー（平等化装置）にしていた——たった一矢で、地位の低い平民が貴族を、その高価な甲冑と修練にもかかわらず倒すことができたからだ。そんな民主的武器は、上流階級の人びとに恐れと嫌悪をいだかせた。

クロスボウに甲冑をつき破られる危険に対応し、騎士はなお一段と重く厚い甲冑を採用するようになり、鎖かたびらから板金鎧へとしだいに変化していった。しかし最強の板金鎧でさえ、スティールボウから放たれる太矢をさえぎることはできなかった。ときには、クロスボウの威力があまりに強すぎることもあった。たとえば1217年のリンカンの戦いでは、弩兵は、敵の騎手ではなく馬を狙うよう命じられた。というのは、騎士を生きたまま捕虜にして身代金を要求するほうが、死体にして要求するよりはるかに値打ちがあったからだ。それにもかかわらず、著名な貴族から犠牲者が出ることもあり、なかでも注目すべきはイングランド王リチャード1世「獅子心王」で、1199年のシャリュ・シャブロル城の攻囲中に受けたクロスボウの傷からの感染症で死亡している（興味深いことに、獅子心王はクロスボウの太矢で命を落とした最初のイングランド王ではなかったらしい。クロスボウは、狩猟中の事故で死亡したといわれるウィリアム2世「赤顔王」もかたづけていた可能性がある）。敵の騎士の手に落ちた弩兵は、残酷に扱われ、手足を切断されるか処刑された。

神に憎まれるもの

クロスボウは支配者層にいみ嫌われていたので、1139年に教会は、キリスト教徒がクロスボウをほかのキリスト教徒に対して使用することを禁じようとした。ローマ教皇インノケンティウス2世は、クロスボウを「神に憎まれるものであり、キリスト教徒にふさわしくない」として非難した。1215年のイングランドのマグナカルタ（大憲章）には「ひとたび平和が回復されたなら、すべての外国出身の（…）弩兵を王国から追放する」という誓約が盛りこまれていたが、この誓約の意義はその1年後、調印したジョン王みずからが外国人の弩兵の一団を雇ってなしくずしにしている。

1370年から拳銃が導入された1470年ごろまで、鋼鉄製のクロスボウは個人が入手できる最強の戦争武器だった。その限界から、小火器が利用できるようになるととって代わられたが、クロスボウは、戦場での歩兵と騎兵の力の均衡を再編成するうえで重要な役割をはたしていた。音が静かで雨天に強いことから、初期の狩猟用銃よりすぐれていたクロスボウは、銃によって戦場から追いだされたずっとあとも狩猟用として人気があった。現存する年代物のクロスボウの大半がこの時代のもので、狩猟に使われていた。中国では、クロスボウは近世まで生きのびている。中国の連弩（れんど）（チュコヌ）は、弓床の頂部にとりつけた木製の弾倉に太矢が収容され、矢はレバーを引くと装填されるようになっていた。諸説によれば、連弩は古くは紀元2世紀から、最近では1894年から1895年の日清戦争まで使用されていたとされる。

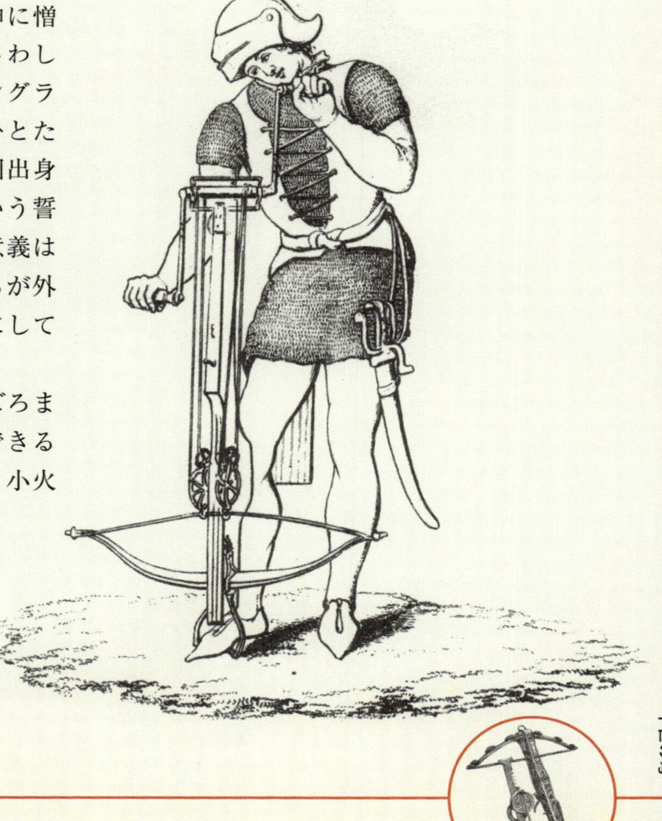

つま先止め（「鉤爪」）と機械仕掛けの爪車を組みあわせた装置を使って、クロスボウを引きしぼる男性。

15

発明者：

ウェールズ人

長弓

タイプ：

投射武器

社会的

政治的

戦術的

技術的

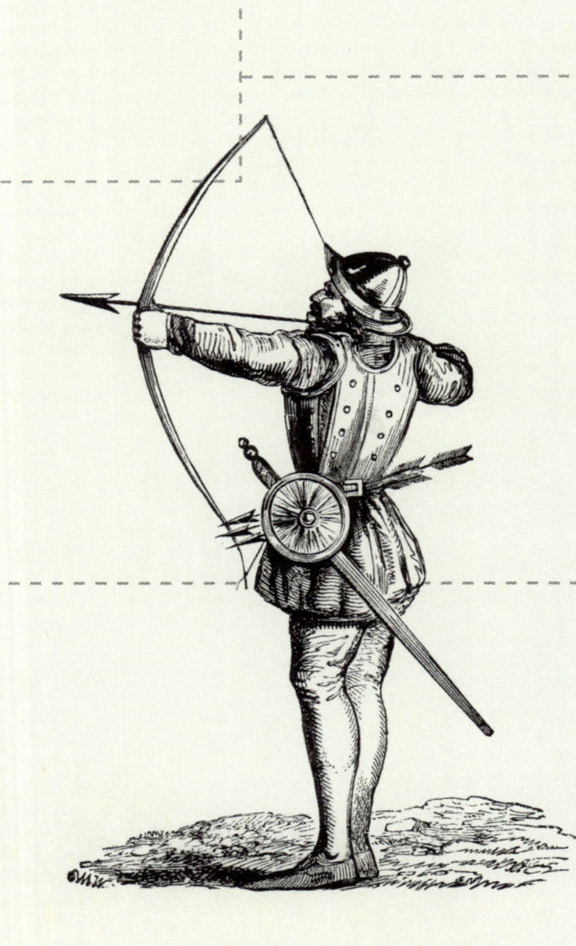

13世紀頃

長弓（ロングボウ）は、数千年前の単弓が、単純だがはかりしれないほど進化をとげたものである。ロングボウとはおおまかに定義すると、人の背丈ほど（それ以上の場合もある）の長さで、断面が、奥行きと幅の割合が３対１の深いＤ字形をした弓をいう。この一見単純に見える武器こそが、ヨーロッパの戦場における騎馬騎士の優勢を終わらせ、歩兵がになうきわめて重要な役割を復活させたと考える人びともいる。

ウェールズのつわもの

ロングボウは12世紀、ウェールズ国境地帯——イングランドとウェールズの境界地域——で発達したといわれている。実際、ロングボウが先史時代からヨーロッパのあちこちで使用されていたことを示す考古学的証拠はあるが、ウェールズ人長弓兵は、16世紀までにイングランド軍にとって不可欠な要素になる。この弓は、1.8メートルを超えるその長大な長さでそれとわかる。テューダー王朝時代の軍艦メアリ・ローズの残骸から回収されたロングボウは、長さが1.87メートルから2.11メートルまでさまざまで、当時の男性の身長よりかなり長かった。

おもにイチイの長い側板からつくられ、弓の背側が弾性のある辺材、弓の腹側が密度の高い心材になるように切ってあるロングボウは、最善の注意をはらって先細にしていき、軽い亜麻糸を巻きつけた麻を張った。これだけの長さがあれば当然、弓を引きしぼるのに必要な力も大きく、結果としてクロスボウにくらべ、弓に蓄えられる力の量がとてつもないものになった。軍艦メアリ・ローズの弓は、引くのに必要な力が推定150～160ポンド（667～712ニュートン——現代のスポーツ用ロングボウの平均は60～70ポンド、267～311ニュートン）で、射程距離は329メートルにもなるが、通常は226メートルくらいがもっとも効果的だった。ロングボウは、重たいボドキンという矢じりがついた１メートルの長さの矢を射ることが可能で、この矢は200メートル以上離れたところから鎖かたびらを貫通し、馬を殺すことができ、現代のコルトリヴォルヴァー（回転式拳銃）の約３分の１の威力を生みだせた。ウェールズ人と戦ったイングランドの騎士ウィリアム・ド・ブローズは1188年、ロングボウから放たれた１本の矢が、自身の鎖かたびらと衣服をつき破り、太ももと鞍を通り抜け、乗っていた馬をつらぬいたと報告している。重要なことに、ロングボウはクロスボウの12倍以上というすぐれた発射速度をもち、さらに、熟練した弓兵の手にかかれば、当時アメリカ独立革命で使用されていたマスケット銃をはるかにしのぐ高い命中精度を達成できた。

だがこれは同時に、ロングボウの主要な欠点でもあった——弓を操作するのに必要な力と技能を身につけるには、何年にもわたる修練が要求されたからだ。熟練した弓兵をつねに十分に確保しておくために、イングランドではおびただしい数の法令を通過させて、男子にロングボウを訓練するよう義務づけた。離れたところから殺すのは騎士道にかなっていないと考えられていたので、ロングボウは

下層階級の人びとの武器とみなされていた。イングランドの法律に、年収100ペンス以下の男子全員にロングボウを所有するよう命じるものがあったのは、そうした理由からだ。弓術が義務づけられるいっぽうで、ほかのスポーツは禁止された。たとえばフットボールは、若者に弓の練習を続けさせるため、エドワード２世からエドワード４世までの王によって再三にわたり禁止されている。この時代の遺骨に見られる変形が、長年にわたる弓の練習が身体に悪影響をおよぼしていたことを証明している。

百年戦争

イングランド王エドワード３世がロングボウの有用性に気づき、それをいかした新たな戦術をつくりあげ、ロングボウが大活躍することになるのは、英仏間の１世紀におよぶ戦争でのことだった。ロングボウの最初の注目すべき成功は1346年のクレシーの戦いで、このときフランス軍の兵力はイングランド軍の２倍以上だったが、イングランド軍には１万1000名の弓の射手がいた。フランス軍は優秀なジェノヴァ人弩兵6000名を有していたが、最初の一斉発射はイングランド軍弓兵にとどかなかった。年代記作者のジャン・フロアサールはイングランド軍の反撃をこう思い起している。「イングランド軍の射手は一歩進みでると、矢の雨を降らせ、それは敵の腕や頭、あごをつらぬいた。ジェノヴァ人［弩兵］はたちまち敗れ、多くは自分の弓の弦を切り、ほかは弓を地面に投げすて、敗走した」

敗走するジェノヴァ人は、前進するフランス軍騎士の進路をふさぎ、多くが味方に倒された。そのあいだもイングランド軍弓兵は、もみあう敵軍のまっただなかに矢を降らせつづけていた。

実際のところ百年戦争当初から、警告となる予兆がフランスに示されていた。1337年、カトザント近くのフランドルにおける戦いでの最初の交戦で、ダービー伯は麾下の長弓隊を使って、岸壁にずらりとならぶフランドル弩兵を撃退していた。イングランド軍は上陸と同時に矢の雨を降らせ、退却を余儀なくさせたのである。80年後、長弓隊はアジャンクールでそのもっとも名高い勝利を記録した。この地で1415年、２万を超えるフランス軍が、8000にも満たない、その多くが射手であるイングランド軍に打ち破られた。毎分最大12本の矢を発射できたイングランド軍は、最初の１分間だけで３万本もの矢をフランス軍の前列に打ちこんだ。ぬかるんだ地面と、先のと

ジャン・フロアサールによるクレシーの戦いの記述にある挿絵には、クロスボウを使う敵軍を圧倒するイングランド軍長弓隊が描かれている。

がった杭の遮蔽が、フランス軍の機動力をさまたげた。射手をかたづけるよう命を受けたブラバント公麾下の重騎兵800人のうち、660人が射手に到達する前に打ち倒された。

クレシー、アジャンクール、ほかの戦闘での勝利は、もっぱらロングボウの戦術的優位によるものではなく、歩兵による射手の支援という、エドワード3世が完成させた全体的な戦術システムのおかげだった。歩兵が射手を防護し、長弓隊がその任務をはたし終えるやいなや、敵前線と交戦し、騎士を落馬させ、敵陣を圧縮した。

ロングボウが衰退することになったのは、火薬が出現したせいでもあった。百年戦争終盤の決定的戦闘のひとつ、1450年のフォルミニーの戦いで、イングランド軍射手は、フランス軍がたくみに使う大砲によって防衛陣地から追いはらわれ、そのあと騎兵に馬でふみにじられた。しかしロングボウが火薬兵器にとって代わられたのは、使い方がより簡単だったからである。ロングボウとちがって火縄銃やマスケット銃は、何年にもわたる激しい体力訓練や弓術の訓練が必要なかった。

ロングボウはもっぱらウェールズ人やイングランド人だけのものではなかった――この図では、中世のフランス人弓兵が最新型の長弓を使ってみせている。

「イングランド軍の射手は一歩進みでると、矢の雨を降らせ、それは敵の腕や頭、あごをつらぬいた」

ジャン・フロアサールの『年代記』、1370年頃

16

発明者：
西ヨーロッパ人

初期の大砲

タイプ：
火器

社会的
政治的 ■
戦術的
技術的 ■

「炎を噴きだし、雷鳴のような轟音をたてて青銅製の弾丸を発射するのを除けば、感嘆すべきものである（…）人類の狂気は模倣を許さない雷電を模倣した」

ペトラルカ『禍福双方の救済について（On the Remedies of Good and Bad Fortune）』（1360年頃）

1300年頃

一般に黒色火薬として知られる火薬は、紀元1000年紀に中国人によってすでに発見されていた。1100年ごろまでに、中国人は火薬を戦場で使っていたが、ロケット、火炎放射器、爆弾という形にかぎられていた。火器、すなわち、火薬の爆発力を利用して発射体を投射する武器は、ヨーロッパの発明だったと思われる。火器が戦場の珍品から戦術上のかなめへと進化するのには数世代かかったが、その出現は戦争と社会を一変させることになった。

雷鳴をとどろかせるもの

火薬は中国から中世イスラム世界へと広がり、そこでアラビア人はマドファとよばれる装置を開発した。これは、ローマ花火（筒型花火）に似た火炎放射器のようなものだったと思われるが、一部の史料には、最初期のきわめて荒削りな火器として記載されており、石でできた大きな球形のもののてっぺんに火皿がとりつけられ、そこにゆで卵立てに卵をおくように火薬が入れられていた。おそらくこれにヒントを得たか、もしくは独自に研究して、ヨーロッパ人はpot-de-fer（鉄の壺）を思いついたのだろう。これはびん形または花びん形の鉄の容器で、一端に金属製の矢が押しこまれていた。これはすくなくとも、1326年にイングランド王エドワード３世に献上された写本に描かれていた装置で、国王はそっくりな武器を1326年にスコットランドで使用したといわれている。このあとまもなく、戦争で火器が使用された最初の事例のひとつが、1331年にイタリアのチヴィダーレ・デル・フリウーリで歴史的に確認されている。ある年代記作者はそれについてこう記録している。「容器を都市に向けて置き（…）あの人びとは遠くからsclopusを地面に向け発射したが、まったく損害をあたえなかった」。sclopusまたはsclopetumは、イタリア語のschioppo（「雷鳴をとどろかせるもの」）と同じ意味のラテン語だったが、この言葉はのちに大砲ではなく「手銃」を意味するようになった。

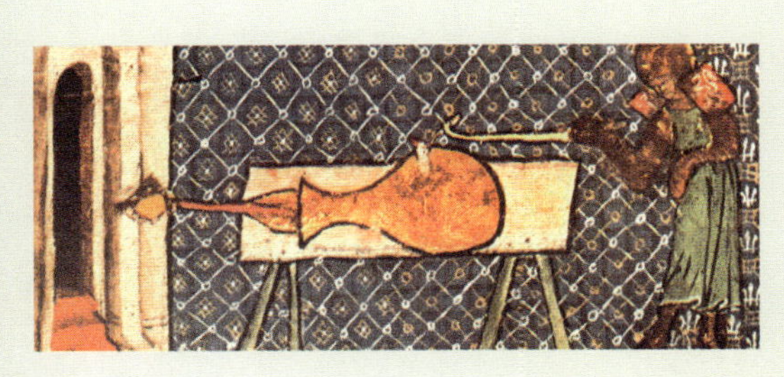

1326年のミルメートのウォルターによる写本にある、大砲を描いた最初期のヨーロッパの挿絵。

最初の「真の」大砲はボンバード（射石砲）で、銃身をつくるのとほぼ同じ製造工程で鉄から建造された。鉄輪を鉄の側板の周囲にしっかり溶接し、広い砲口の短砲身のボンバードか、もしくはもっと管状で長砲身のボンバードがつくられた。これらは石弾を発射し、石弾は発射の際にこなごなにならないように鉄輪でしばることもあった。ボンバードは木製の台木か、固定式の「砲架」に設置されたが、最初期のものは土の山の上にただのせただけだったのかもしれない。チヴィダーレで使用された大砲は初期のボンバードだった可能性があるが、年代記作者のジャン・フロアサールは、イングランド軍が1346年にクレシーで数門を配備したと主張している。1360年ごろ

エディンバラ城の巨大な鉄製ボンバード、モンス・メグ。実戦投入されたのはたった1度だけで、1681年、王族の誕生日に祝砲を撃った際、破裂してしまった。

までにボンバードはかなり普及しており、イタリアの作家ペトラルカは、大砲は「ほかの種類の武器と同じくらい一般的でなじみのあるもの」になっていたと述べている。手銃は1364年にはじめて言及されたが、最初は金属の管を木製の台木にしばりつけただけのもので、より大型のいとこ分とよく似た発射のしかたをした。

鉄輪のボンバードは、とてつもなく巨大な大きさにすることが可能だった。有名なモンス・メグ砲は1457年、スコットランド王ジェームズ２世に贈られ、現在はエディンバラ城に展示されているが、全長４メートルで６トンの重さがあり、150キロの石の砲丸を３キロ以上飛ばすことができた。バシリカという名の鉄輪で締めたボンバードは、コンスタンティノープル攻撃中に、オスマン帝国のスルタン、ムハンマド２世のために建造されたもので、砲身の内腔が直径91センチあり、移動させるのに200人の兵士と60頭の雄牛を必要とし、725キロの重さの砲丸を２キロ以上投射した。装填に１時間かかるので、１日にわずか７回しか発射できなかったことになるが、いずれにしても、最初の数発を発射したところでばらばらに壊れてしまった。

誰がために鐘はなる

鐘を鋳造するのに使われる方法は、青銅製の大砲を鋳造するのにも使えることがまもなく明らかになった。鉄輪の大砲はばらばらに壊れたり破裂したりすることがしばしばだったが、鋳造した青銅砲はより信頼性が高く、規格化もしやすかった。しかし同じ鋳型を再利用すれば、砲身の内腔をかなり一定にできて同じ大きさの砲丸が使えることに鋳造者が気づくまで、200年かかった。

大型の大砲は３～４トンもの青銅を使ったのだろうが、砲架自体も鉄のバンド、ボルト、鎖、鉤などをふくめ、同じくらいの重量があった。そのため、砲車にのせた大砲が1419年から1424年のフス派戦争で導入されたあとでさえ、機動性からはほど遠かった。大砲には名前がつけられ、砲手はたいてい雇い人で、雇い主にではなく、生活の糧である大砲自体に忠誠をつくした。雇い主は歩兵を雇うこともあったが、トラブルの最初の徴候があっただけで大砲の使用をやめないよう、念を押していた。

真に実用的な大砲

大砲は15世紀なかば、フランスのビュロー兄弟が鋳鉄製の砲弾を導入したことで大きく進歩した。鋳鉄砲弾は砲腔により密着するので、ただ放りあげるのではなく発射することができ、鉄球はまた、石の砲丸より頑丈でこなごなになりにくかった。小型になった砲丸はより破壊的な結果をもたらし、同時に非常に重い砲弾を扱わずにすむようになったことで、攻城砲列はより機動力を向上させることができた。

大砲はいまや、決め手となる戦争兵器となり、百年戦争の決定的戦闘で活躍した。1450年のフォルミニーの戦いでは、大砲はイングランド軍長弓隊を陣地から追いたて、フランス軍騎兵に馬でふみつけさせ、さらに1453年のカスティヨンでは、最後のイングランド軍が、火砲を装備したフランス軍に撃破された。しかし初期の大砲が最大の効果を発揮したのは、攻城兵器としてだった。1449年から1450年のノルマンディの再征服でシャルル７世は、大砲により16カ月で60の攻囲作戦を成功させ、いっぽう1453年のコンスタンティノープルの陥落では、オスマン帝国がその巨砲によって、ビザンティウムの難攻不落の城壁をついに打ち破った。ムハンマド２世の攻城砲列には、56門の大砲と12門の巨大なボンバードがふくまれていた。

15世紀の終わりごろ、多くの技術的進歩がいっきにおしよせた。鋳鉄砲弾だけでなく、火薬の品質も向上しはじめ、さらに新たな大砲鋳造技術により、遠征軍に随伴できるほど機動力のある最初の火砲が生みだされることになった。これらはフランス王シャルル８世の「新しい」大砲で、先駆的軍事史家ハンス・デルブリュックはこれを、最初の「真に実用的な大砲」とよんだ。1494年、シャルル８世は、砲耳（砲身を砲架に支えるための突起）が一体化した大砲を装備してイタリアへ侵攻した。砲耳がついたことで、大砲は軽量な２輪砲架に搭載することが可能になった。これにより、大砲は機動性が向上するとともに、ずっと迅速に狙いを定められるようにもなった。というのは、それまでの木製のかいば桶型砲架よりも、砲の俯仰がはるかに容易だったからだ。こうした大砲が、新たな火砲の原則がいかにして城の時代を終わらせたかをはっきりと示すことになる。シャルルの大砲はナポリのモンテ・サン・ジョヴァンニの城に向けられ、それまで７年間にわたり通常の攻囲に耐えてきたこの城は８時間たらずで陥落し、イタリアは３カ月もたたないうちに打ち破られた。

しかし戦場における初期の大砲の影響は、歩兵が自由に動ける地勢ではやはり限定的だった。これがあてはまらなかったのは、1512年のラヴェンナの戦いと1515年のマリニャーノの戦いのふたつで、フランス軍は、塹壕と土塁のせいで適切な軍事行動がとれないスペインおよびスイスの敵編成を大砲で撃破し、大勝利をおさめた。だが２輪砲架を使用しても、大砲はやはりその大きさと重さから扱いにくく、戦場での再配置がむずかしかった。１個砲兵中隊がいったん配置につくと、戦闘が終わるまでそこにとどまらなければならなかった。これはつまり、戦場における火砲の戦術的役割が、18世紀まで限定されつづけるということだった。

17

発明者：

先史時代の人間

ルネサンス期のパイク

タイプ：

棒状武器

社会的

政治的

戦術的

技術的

15世紀

パイクは基本的に、非常に長い槍（スピア）のことをいう。その歴史は、この単純きわまりない武器が適切な戦術で使用されたなら、いかに破壊的な結果をもたらせるかをはっきりと示している。実際その単純さこそが、13世紀から17世紀後期にいたるまでの戦闘でパイクに重要な役割をはたさせた、驚くほど多様な戦術のおもな要因なのである。

貧しい者の武器

長い槍ということでは、パイクはその起源を最初期の先史時代にまでさかのぼるが、「真」のパイクが金属製の切先と非常に細長い柄のついたものだとすれば（16世紀には最長6メートルのものもあった）、歴史で活躍した最初期の例はマケドニア式密集隊形（ファランクス）のサリッサに違いなく、アレクサンドロス大王によって使用され、きわめて破壊的な効果をあげている。事実、騎兵隊に支援された攻撃的で動きの速いファランクスというマケドニア軍の例は、ルネサンス期のパイク兵のヒントになった。

中世の戦場では、パイクは典型的な貧乏人の武器とみなされていた。土地貴族が馬や甲冑、剣を買う余裕があったのに対し、フランドル市民軍やスコットランド低地地方の農民軍などにはそんな余裕はなかった。騎馬騎士の兵力に対抗するための解決策が、長く鋭い棒をもちいた昔からの戦術だった。パイクで武装すれば、騎兵を遠ざけておくことができたので、鎧がないことが埋めあわされ、さらに騎士が馬やすぐれた武器で攻撃してくるのを防ぐこともできた。

中世でパイク兵を使った軍隊が成功をおさめたもっとも顕著な例は、スターリング・ブリッジの戦い（1297年）、スコットランド独立戦争でのバノックバーンの戦い（1314年）、それにコルトレイク（または金拍車）の戦い（1302年）である。このすべての事例において、おもに生まれの卑しい兵士からなる軍隊が貴族の軍隊を打ち破った。スターリング・ブリッジの戦いでウィリアム・ウォレス率いるスコットランド軍は、イングランド軍司令官ジョン・ド・ワーレンの戦術上の失態をおおいに利用した――自軍に橋を渡らせ、スコットランド反乱軍のパイクの歯のなかに送りこんだのである。ウォレスのパイク兵は、イングランド軍が橋のなかほどまで渡ったところで突撃したが、動きをとるスペースがまったくなかったため、イングランド軍の騎士隊は追いつめられ殺された。これはパイクをおびた平民の軍隊が、封建領主に勝利したヨーロッパで最初の戦いだった。このわずか5年後、快挙はくりかえされ、ゲルドンパイクで武装した勇猛果敢なフランドル市民が、突撃をかけてきたフランス軍騎士隊を撃退し、そのあとさんざんに打ち破った。

アレマン人流に

こうしたパイクをたずさえた歩兵の勝利は、中世における騎兵と歩兵の不均衡を調整するうえで重要な一歩と評価されている。封建時代の軍隊は、パイク兵の好ましい隊形として知られるようになる槍方陣（パイクブロック）

の挑戦に対し、その弱みにつけこむことで応酬した。鎧を買う余裕もなければ、盾をもつこともできないパイク兵は、射程武器にきわめて無防備だった。たとえば1298年のフォールカークで、ウォレスのシルトロン（「大円」——槍方陣のスコットランド版）隊形はイングランド軍射手に打ち倒され、ウォレスは敗北した。

射程武器の脅威に打ち勝つために、槍方陣はさらに攻撃的かつ機動的になる必要があり、そこでスイス人によってあるひとつの新機軸が導入され、パイクはヨーロッパでもっとも恐れられる武器へと変貌をとげた。『戦術論』のなかでマキャヴェッリは、スイスが編みだした槍方陣戦術について解説している。自由のためにオーストリア帝国軍重騎兵と戦わざるをえなかったスイス人は、とぼしい資源と比較的平等主義の軍隊をもとに、自分たちにもっとも適した戦術を考案した。古代の戦術であるアレクサンドロス大王のマケドニア式ファランクスに注目し、安価で簡単に手に入るパイクで武装すると、隊形をくずすことなくすばやく動けるように訓練した。こうして衝撃的な成功をおさめた攻撃戦術は、その時代の戦場を支配し、敵軍を縮みあがらせた。その戦術があまりにみごとだったため、ジェームズ４世麾下のスコットランド軍は、彼らがよぶところの「アレマン人流の戦い方」（ドイツ人を表す語で、スイス人をさしている）を、

「戦闘の勝敗は、射手かパイク兵によって決せられただろう」

M・ヴェイル『戦争と騎士道（War and Chivalry）』（1981年）

イングランドとの戦争で模倣しようとした。残念ながらスコットランド軍は、スイス人の戦術をまねようとして致命的な誤りを犯してしまった。敵の隊形をくずすのに不可欠な、側面を攻撃する投射兵と弓兵、それに前衛の散兵を使わずに、パイクブロックを突撃させてしまったのである。1513年のフロッデンでの大敗は、パイクの成功は、完全な戦術システムをいかに正確に実行できるかにかかっていることをはっきりと示していた。

新たなパイク戦術で、スイス人は1476年から1477年にかけての一連の戦闘でブルゴーニュ公国軍を撃破し、ヨーロッパに衝撃をあたえた。スイスの成功に刺激を受け、それをまねる者も現れた。このころパイクは、派手な服装センスで知られるドイツ人傭兵部隊ランツクネヒトに採用されている。ランツクネヒトが使用したパイクは、長さ5.5メートルほどのトネリコ材の柄に、25センチの鋼鉄製の刃がついたもので、縁起をかついでキツネやほかの動物のしっぽを飾ることが多かった。この時代の戦争では、ランツクネヒトがスイス人と戦うことになる場合も多く、パイクの長さが競われ、６メートルにまで増大した。柄は硬化トネリコでつくられ、末端の重さを減らすため先端に向かってしだいに細くなっていたが、たわみは避けて通れなかった。

パイク・アンド・ショット

このころにはもう、パイク混成軍に決定的要素——小火器——がくわわっていた。パイクは火縄銃、のちにマスケット銃と協調した、新たな戦場での役割を見つけた。パイク兵が、とくに騎兵の突撃や再装填中に無防備になる状況からマスケット銃兵を守り、いっぽうマスケット銃兵は障害をとり去ってパイク兵が

前進できるようにしたのである。

ランツクネヒトは、火縄銃兵のパイク兵に対する割合を積極的に向上させたおかげで、スイス人傭兵部隊より優位に立つようになっていったが、スペインが編みだしたテルシオ戦術にとって代わられることになる。1505年から、スペイン軍はコロネリアとよばれる、1000名からなるパイク兵、火縄銃兵、それに剣と楯をたずさえた歩兵の混成部隊を戦場に配置していた。1530年代には、コロネリアは3000名かそれ以上からなるテルシオにふくれあがっていたが、それでもやはり中央にパイク兵の方陣を配置し、その周囲を火縄銃兵がとり囲み、四隅にも火縄銃兵の一団が置かれた。テルシオは恐るべき自立戦闘部隊であり、移動式要塞のように戦場中を移動し、どの方向からどんな方法で攻撃してくる敵にも対応できるよう装備されていた。

17世紀後期の武術書に描かれた、パイク兵の正しい構え。

テルシオ戦術は、1525年のパヴィアの戦いで勝利をおさめた。この戦いではフランス王フランソワ1世——騎士道にこだわり「騎士王」として知られる——は、小火器中心の戦争という現実を受けた新しい戦術をほとんど理解していなかった。そして大砲による砲撃で勝利がまぢかのように思えると、騎馬隊を砲の正面に率いて砲撃を中止させ、敵のパイクとマスケット銃という致命的な組みあわせのえじきになってしまったのである。ハプスブルク家のパイク・アンド・ショット（槍と銃）により包囲されたフランス軍騎士は、林立する槍の刃の壁にとり囲まれ、火縄銃の一斉射撃により撃ち殺された。フランソワ自身は捕虜にされ、パヴィアは軍事史上最悪の敗北のひとつとなった。

パイクは17世紀、マスケット銃が改良され、より手に入れやすくなるにつれ、ゆっくりと衰退していく。小火器と棒状武器の比率は徐々に変わっていったが、とはいえ、パイクはほかのほぼすべての刀剣が廃れたずっとあとも、重要な戦場武器でありつづけた。ドイツ軍とイギリス軍がようやくパイクをすてたのは1697年になってからのことで、この年、両軍はマスケット銃につけるジグザグ銃剣を制式採用した。

18

発明者：

スペイン人？

マッチロック式銃

社会的
政治的
戦術的
技術的

タイプ：
小火器

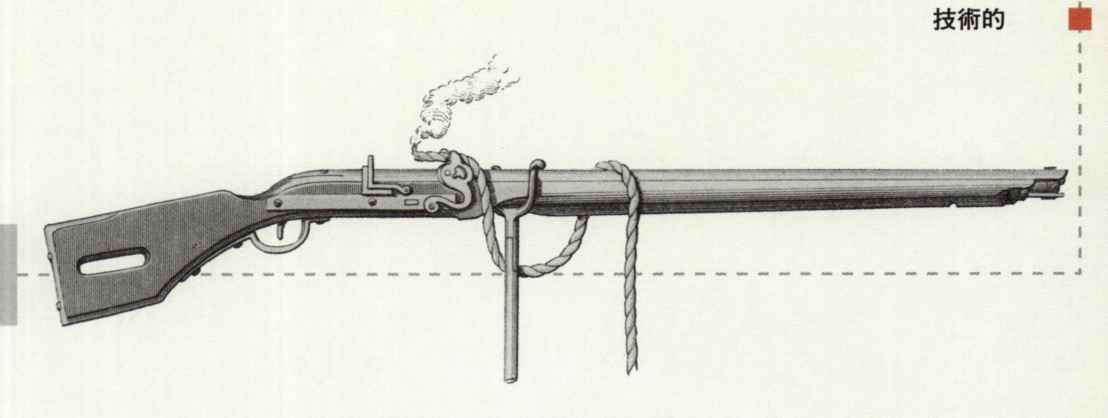

「(…) ご承知のように、新兵器は必要なものである」

マキャヴェッリ『戦術論』第２巻（1521年）

15世紀中期–後期

マッチロック式という名称は「マッチ」と「ロック」というふたつの要素に由来し、後者は小火器に装填された発射薬に点火する機構の総称で（おそらくドアのロック機構に似ているからだろう）、前者は火縄のことである。マッチロック式銃は最初の効果的な手持ち型小火器だった。扱いにくく、汚く、めんどうなうえ危険だったが、この銃は、戦術的・戦略的レベルで戦争の性質を変えることになった。

サーペンタインと硝石

最初の携帯式小火器、すなわち「手銃」は、本質的には小型の大砲だった。木製の台木にとりつけた先ごめ（前装）式の鉄の筒で、くすぶっている「火縄」（アルコールに浸し硝石と硝酸カリウムをしみこませた縄で、ゆっくりだが着実に燃える）を火門（内部の発射薬に通じる小さな穴）につけて点火し、発射した。通常は、ひとりが手銃を手で持ち（さらに反動に耐え）、もうひとりが火門に着火する必要があった。結果として発射される弾丸は、おそらくはなはだ命中精度が悪かっただろう。

15世紀中期から後期にかけて、ひょっとしたら早ければ1411年、おそらくスペインで、手銃は単純だが効果的な装置——サーペンタイン・マッチロック——によって、有効な小火器に変わったと考えられる。中心を起点に動くS字型レバーであるサーペンタインは、一端に火のついた火縄がついていて、これは現代の銃の撃鉄に相当し、いっぽう下半分は引き金の役割をはたす。引き金を引くと、サーペンタインのくすぶる火縄が火皿——点火薬が盛られた小さな皿——につき、ぱっと発火して、それが火門から銃内部の発射薬に伝わる。こうして操作者は、火門を探す手間から解放され、目標に照準を合わせることに集中できるようになった。

マッチロックがとりつけられた最初の銃は火縄銃かハクバットで、ハクバットというのは、おそらくドイツ語のハーケンビュクセ、「鉤つき銃」（おそらく、反動を吸収させる目的で壁のへりに銃を固定するためにつけられていた鉤にちなんで名づけられたのだろう）から派生していると思われる。スペイン人は火縄銃を肩にあてて発射していたが、最初のうちほかの国々は胸にあてて撃っていた。

この銃には多くの欠点があった。火縄銃の装填と射撃は骨の折れる作業で、最大96の姿勢があった。1600年になっても依然として、火縄銃を装填するのには10～15分かかった。火縄を下げて火皿につけ、ことわざにあるように「火皿のなかで発火」しても、肝心の発射薬に着火しそこねることがよくあったが、逆に、火縄が点火薬に着火するのが早すぎると、事故をまねくおそれもあった。さらに銃は、発射するたびに清掃しなければならなかった。また雨天では使用できなかったうえ、赤く燃える火縄は、夜間や待ち伏せの際、火縄銃兵の位置を敵に知らせてしまった。滑腔銃の精度のある射程は、一般に274メートル以下にとどまった。1550年になってもまだ、熟練したロングボウ射手のほうが、どの銃手よりも速く正確に撃つことができた。

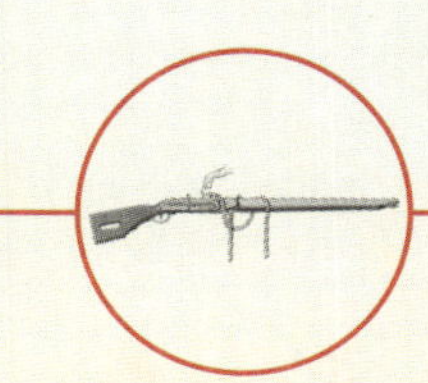

これを相殺するのが、マッチロック式銃が、機械的に使い方を学ぶことができる兵卒すべてに、明白な人殺しの道具を渡したという単純な事実だった。ヨーロッパでもっとも練度の高い騎士の騎士道と技能をもってしても、最強の板金鎧さえ貫通できるマスケット弾が相手ではなんの役にも立たなかった。

肩撃ち式マッチロック式銃はほかに、カリヴァー銃、カルヴァリン銃ともよばれていた。マスケット銃は火縄銃の大口径版で、射撃時には二股銃架で銃口を支えなければならなかった。マッチロック式銃の時代はイタリア戦争の初期段階にはじまり、スペイン軍の約6分の1が、火縄銃かマスケット銃いずれかの小火器を装備していた。1506年、フィレンツェ軍を招集する計画を立てたマキャヴェッリは、歩兵100人につきすくなくとも10人の火縄銃兵（スコピエッティエリ）（軽マッチロック式銃手）を配置すべきだと明記した。マッチロック式銃の爆発的人気は、沈没年が50年も離れていないテューダー王朝時代の2隻の難破船から発見された武器を比較すれば明らかである。1545年に沈んだメアリ・ローズの難破物には、100張を超えるロングボウがふくまれていたが、小火器はほとんどなかった。しかし1592年に沈没したオールダニーは、発見された武器の大半が小火器だったのである。軍隊が装備する小火器の割合は、小火器技術がゆっくりと向上するにつれて増加していき、火縄そのものの問題も、最初は火打ち石を利用したフリントロック式銃という形で解決策が見つけられた。

17世紀のマスケット銃訓練兵用教範からの挿絵。

新戦術

数々の難点にもかかわらず、マッチロック式銃は、戦争の性質に重大な変化をひき起こした。クロスボウ（62ページ参照）にもまして、この新たな小火器は非常に民主的な武器だった。比較的製造コストが安かったため、マッチロック式銃は歩兵に広く支給された。いまや誰もが、もっとも高貴な騎士の甲冑に風穴をあけることができるようになり、かつてクロスボウ射手（65ページ参照）に同じ目にあった人びとはふたたび対応を迫られた。たとえば、生まれの卑しい銃手が騎馬貴族を数名殺した場合、15世紀後期のイタリア軍指揮官ジャン・パオロ・ヴィッテーリは、捕えた火縄銃兵全員の手を切り落とし、目をくり抜けと命じている。しかしマッチロック式銃がいかに戦場における階級力学を変えたか、それをおそらくもっともありありと物語って

長篠の戦いでは、生まれの卑しいマスケット銃兵が突撃してくる上級武士に大損害をあたえた。

いるのは、地球の裏側にある日本の、1575年の長篠の戦いだろう。この戦いでは、織田信長率いる1500～3000名からなる鉄砲（火縄銃）隊が、武田勝頼の騎馬隊を殲滅し、日本の戦争における伝統的な社会秩序をくつがえした。

マッチロック式銃の当然の人気は、結果として、重要な戦略的影響をおよぼした。というのは、この新たな小火器によって材料需要と兵站需要がひき起こされたからだ。マスケット銃は、込め矢、銃架、弾薬を合わせると、ローマ軍団兵の武器より重かった。そのため、軍団兵が装備と約２週間分の糧食（合計で約36キロ）を運ぶことができていたのに対し、火縄銃兵は、鎧だけで軍団兵の全装備とほぼ同じ重さがあったので、糧食を運ぶことはできなかった。さらに軍当局から、武器に使う火薬、弾丸、部品の支給のほか、整備も行なってもらう必要があった。いまや軍隊はかつてなかったほど軍需品輸送隊に依存するようになり、そんなことからより遅くなったうえ自立的ともいえなくなり、補給線がきわめて重要になった。ハプスブルク家はスペインの基地から戦っていたが、補給線がオランダとイタリアに延びると、すぐにこれがみずからの首をしめることになると気づいた。兵法は着実に兵站の科学になりつつあった。

火縄銃の操作は手のこんだ作業になることもあった。火縄銃兵は銃と剣のほか、小火薬入れ、火縄、込め矢、スクレーパー、弾丸抜き取り工具、装填と清掃のための布きれ、マスケット弾を鋳造するための弾丸用鉛と真鍮製の鋳型、火縄に着火する火打ち石と鋼鉄を携行していた。火縄銃兵の多くは、荷の一部を運び、火をたやさないようにする役目のお供を同伴していた。

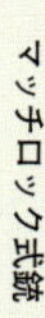

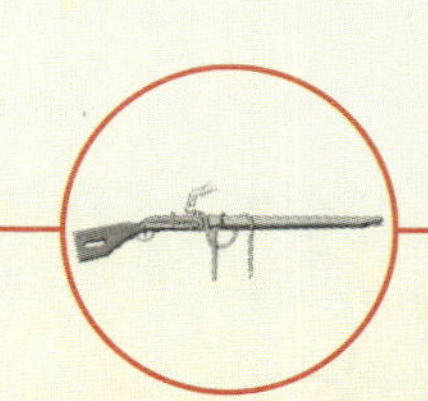

19

発明者：

自然界

天然痘（と細菌戦）

社会的
政治的
戦術的
技術的

タイプ：
生物兵器

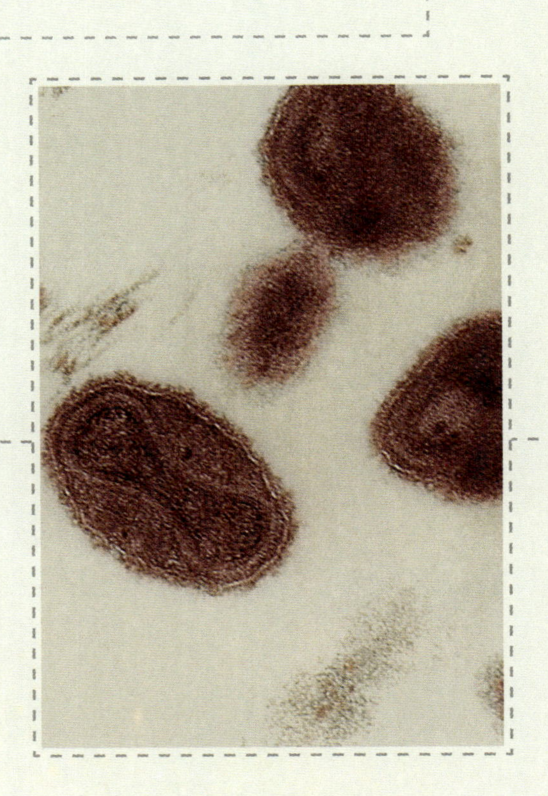

16世紀

天然痘は世界規模の根絶運動のおかげで、現在は撲滅されているウイルス性疾患である。史上もっとも破壊的な伝染病のひとつの病原体として、南北アメリカ征服におけるヨーロッパの植民地帝国の主要武器だった。すくなくとも1度、天然痘は計画的な生物戦として意図的に拡散された。

死人の山

天然痘は兵器として利用された最初の病原菌ではなかった。中世には、攻囲軍がトレビュシェットやほかの攻城兵器を使って、腐敗や不快な気分を蔓延させようと、馬の死骸や人間の死体までも攻囲した都市や砦に投げこんだ（当時は接触伝染をとり扱う生物学がほとんど理解されていなかった）。そうしたエピソードでもっとも悪名高いのが、1346年のカッファの攻囲で、このときタタール人（ヨーロッパ人がモンゴル人をよぶ際にもちいる総称で、この場合は黄金軍団をさしている）はクリミア半島のある都市を攻囲したが、恐ろしい疫病、黒死病（ペスト）に苦しめられた。

ジェノヴァのガブリエレ・デ・ムシの記述——おそらくまた聞き——によると、最初はキリスト教徒の防衛側にとって神の摂理が異教徒を打ち倒したかに思われたものが、まもなくそれは生物兵器テロの悪夢のような事例に姿を変えたという。3年におよぶ攻囲のあと、「閉じこめられたキリスト教徒は（…）おびただしい数の軍勢にとり囲まれ（…）息をすることさえほとんどできなかった」。デ・ムシはまた、その都市から逃げだしたジェノヴァ商人が疫病を地中海地方に運び、そこからヨーロッパ全土に広がって壊滅的な結果をもたらしたとも主張している（人口の3分の1以上がこの世界的流行病で死亡した）。ようするにタタール人による生物兵器攻撃が、黒死病の直接的原因だったというのだ。しかしカリフォルニア大学の歴史家マーク・ホイーラーはこう反論する。「生物兵器がカッファで使われたという主張はもっともらしく聞こえるし、都市に疫病がもちこまれた理由をもっともうまく説明しているが（…）疫病のクリミア半島からヨーロッパへの侵入は、この出来事とは関係なく起こった可能性がある」

群衆から流行

黒死病よりさらにいっそう致命的だったのが、大航海時代にヨーロッパ人と最初に接触してから何十年にもわたり南北アメリカで猛威をふるった世界的流行病、天然痘である。天然痘はきわめて伝染しやすいウイルス性疾患で、発疹が出てそれが化膿して膿疱になり、あばたとよばれる小さなくぼみの瘢痕（はんこん）を残す。この病気のもっとも重度の例では、膿疱がつながってひとつの大きな水疱に変わり身体をおおうか、身体全体が広範囲にわたり出血する。これらはそれぞれ、融合性痘瘡（とうそう）と出血性痘瘡として知られている。標準的な天然痘の死亡率は約30パーセントだが、融合性および出血性痘瘡はほとんどの場合死亡する。

天然痘は紀元1世紀ごろに南・中央アジア

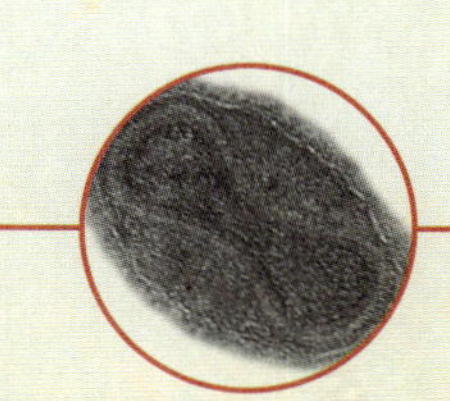

このバングラデシュの天然痘患者の写真を見れば、この病気の症状がいかに恐ろしく、また外観をそこねるかがはっきりとわかる。

で進化し、「群衆疾患」になったと考えられている。群衆疾患はウイルスがある種類の群れ（畜牛や馬など）から別の群れ（村や都市に住む人間）に飛び移れる多数の集中した人口とともに、ヒトと家畜の近接近の結果として進化したものである。天然痘は旧世界の人口に、何世紀にもわたり猛烈な罹病率と死亡率をひき起こし、古代のさまざまな不可解な疫病の原因だったと考えられるが、ユーラシアとアフリカの人びとはこの病原体にたえずさらされたことと淘汰圧によって、一定の抵抗力がついていた。

南北アメリカの住民は定住の歴史が比較的短く、大規模な畜産の伝統もなかったため、この病気に遭遇したことがまったくなく、免疫がなかった。ヨーロッパ人がこの病気を新世界にもちこむと、壊滅的な影響をもたらし、歴史の流れを変えることになった。たとえば、エルナンド・コルテース率いるスペインのコンキスタドーレスが1521年にアステカ帝国の首都テノチティトランを攻囲した際、先住民はやはり天然痘の流行と闘っている。スペイン人が荒廃した都市に入ったときには、約5万人のアステカ人がこの病気で命を落としていたといわれる。この世界的流行病は、中央・南アメリカの先住民の90パーセントまでも滅ぼした可能性がある。北アメリカも同様に破壊された。

「死んだ先住民の体や頭をふみつけずに歩くことはできなかった。陸地には死体が山積みされていた」

14世紀の年代記作者ベルナール・ディーアスによる、天然痘の大流行で破壊されたばかりのテノチティトランの町にスペイン人が入った際の描写。

期待どおりの効果

新世界の天然痘の大流行は、意図せず病気を「兵器化」してしまったのかもしれないが、植民軍が意図的に細菌戦を行なったという確かな証拠もある。1756年から1763年のフレンチ・インディアン戦争で、北米のイギリス軍司令官はジェフリー・アマースト卿だった。現存する書簡から、アマーストがヘンリー・ブーケイ大佐と、ネイティヴアメリカンを全滅させるための戦略について話しあっていたことが明らかになっている。1763年７月16日付けの手紙に、アマーストはこう書いている。

追伸　このいまわしい種族を絶滅させるのに役立つほかのすべての方法にくわえ、毛布を使って先住民に菌を接種するのが賢明だろう。犬に追いつめさせるという貴殿の案が効果をあげるかぜひ見てみたいものだが、イギリスはあまりに遠くて、その案をいま検討することはむずかしい。

その２カ月前の５月24日、ピッツバーグの地元市民軍の指揮官ウィリアム・トレントは日誌にこう記録している。「(…) 天然痘病院からもちだした毛布２枚とハンカチ１枚を連中に渡した。期待どおりの効果があがればいいのだが」。実際、数カ月たたないうちに、地元の先住民は天然痘により壊滅的被害をこうむった。

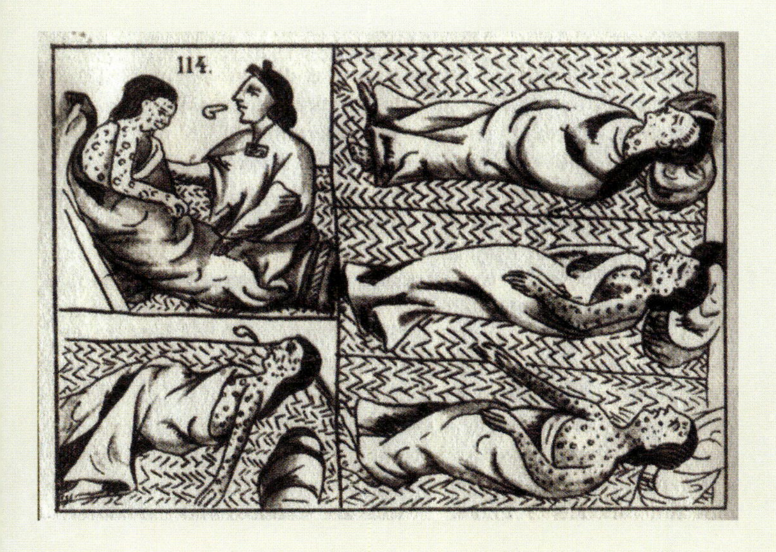

スペイン人の征服をきっかけに苦しめられた恐ろしい疫病を描いた、アステカ人の絵。

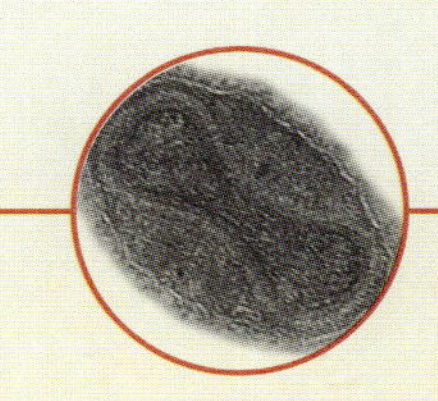

20

発明者：

バイヨンヌのナイフ製造者

銃剣

タイプ：
刀剣

社会的
政治的
戦術的
技術的

16世紀後期

「およそ30分にわたり、大砲の砲撃音も小銃の銃撃音も聞こえず（…）［ただ］何千人もの勇敢な兵士が接近戦を演じ、入り乱れてたがいを切り裂きあう名状しがたい叫び声だけが聞こえていた」
ロシア軍将校デニス・ダヴィドフ、アイラウの戦い、1807年

銃剣（バヨネット）はマスケット銃や小銃（ライフル）の先端に装着する剣身で、歩兵が同じ武器を射撃と接近戦の両方に使用できるようにしたものである。この名称はおそらくナイフ製造で知られるフランスのバイヨンヌに由来し、この町では16世紀に「バイヨンヌのバヨネット」とよばれる狩猟用の短剣がつくられた。これは先細の柄と幅広の十字鍔（クロスガード）が特徴で、猟師が万が一荒れ狂ったイノシシと対峙し、再装填する余裕がない場合の頼みの綱として、銃口に柄を押しこみイノシシ用の槍として使えるようになっていた。

不格好に差しこんで

この話が本当かどうかは別にしても、銃剣はマスケット銃の採用にともなういくつかの問題を解決した。マスケット銃は再装填にかなりの時間がかかり、そのあいだ歩兵は無防備で、騎兵やほかの兵が接近してきても、身を守れるほど速く撃てなかった。これこそ17世紀の軍にパイク兵の役割が存在しつづけた理由だったが、銃剣は、銃手とパイク兵の役割を組みあわせてひとつにする方法を提供した。

銃剣が使用された最初の記録は1647年ごろのもので、オランダに駐留するフランス兵が30センチの剣身をもつ銃剣を装備していた。銃剣をそなえた最初のイギリス軍は、1672年のルパート王子の竜騎兵だった。プラグ式銃剣には欠点があり、それは、とりつけるとマスケット銃を発射できないことだった。兵士はどちらか一方を選ばなければならず、優柔不断は命取りになった。1689年のキリークランキーの戦いで、ヒュー・マッカイ将軍率いる4000名からなるイギリス軍は、スコットランド高地人の部隊に待ち伏せされ、部隊は坂を下って突撃してきた。「ハイランド人が、おそろしい速さで迫ってきた。そのため、ある大隊が、撃つと（当たると）確信できる距離に彼らが接近してくるまで射撃を控えているうちに、彼らは目前にやってきていた。この大隊が、第二の防御手段、すなわちマスケット銃の銃口に差した銃剣を用いる前に、敵は殺到してきたのだ」（ジョン・キーガン、リチャード・ホームズ、ジョン・ガウ『戦いの世界史——一万年の軍人たち』[大木毅監訳、原書房]）。イギリス軍兵士の半数が、その後に続いた戦闘での大敗で失われた。

このときまでに、すくなくともひとつの解決策がすでに考案されていた。それはリング式銃剣で、銃剣の柄についたリングを銃身に通して装着する。ずっとすぐれた固定機構をそなえていたのが、1687年ごろに発明されたソケット式銃剣で、槍の穂先に似た三角形の剣身がスリーヴ（ソケット）の脇からつきでたアームにとりつけられており、それを銃身に装着した。ソケットに切られたジグザグの溝は、照星の役割もはたす銃身の鋲にぴったりはまるようになっていた。こうして銃剣の原型が確立されたのである。

銃剣は無用の長物か

マスケット銃の先端に長い鋼鉄製の剣身をくわえたことで、武器のバランスは台なしになり、命中精度はさらに悪化した（79ページ

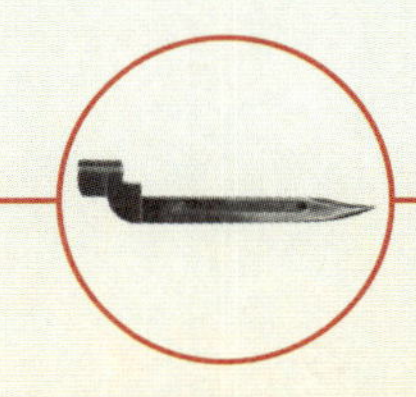

南北戦争での銃剣突撃。

参照)。軍事史家のあいだで一般に受け入れられている考えは、銃剣はおもに象徴として使われ、現に銃剣をもちいた戦闘は比較的まれであり、実用的価値もほとんどなかっただろうというものだ。銃剣は殺傷力より士気にとってより重要であり、このことは、兵士のマスケット銃が濡れて使い物にならないことを理由にトレントン攻撃を中止すべきだと警告されたときの、ジョージ・ワシントンの返答からも明らかである。「サリヴァン将軍に銃剣を使うよう伝えてくれ。わたしはトレントンを奪取することに決めている」。トレントンはとどこおりなく陥落し、アメリカ独立戦争における転換点となった。

これにもとづけば、実際のところサイズは重要だった。第2次世界大戦中、一部のイギリス製小銃に支給されたショートスパイク銃剣は、殺傷できるほどの長さはあったものの、自信を喚起するような代物ではなく、「豚の畜殺人」という蔑称でよばれていた。いっぽう、より大型の「刀剣」銃剣は大きすぎて扱いにくく、実用的ではなかった。第2次大戦中に多くのイギリス製小銃に支給された銃剣は、「インド式」とよばれる長く非実用的な刀剣銃剣だった。歴史家のピエール・バートンは、カナダ兵はインド式を、キャンプファイアの上でパンを焼くくらいにしか使えないだろうと考えていたと記録している。

血と豪胆

統計的にいうと、銃剣は死傷者をもたらす役割はほとんどはたしていなかったかもしれないが、遠隔殺傷の時代における銃剣戦闘の心理的影響は、アメリカ独立革命から第2次大戦とそれ以降の戦争の記述から明らかである。1775年のバンカーヒルの戦いの凄惨なクライマックスを描写して、あるイギリス軍将校はこう記録している。「生者を攻撃しようとして、死体につまづいて転び、敵をつき刺している兵士もいれば、脳みそが飛びだしている兵士もいた」。もっとも赤裸々な記述のひとつは1807年のアイラウの戦いのもので、ロシア軍将校デニス・ダヴィドフはフランスとロシアの軍団の白兵戦をまのあたりにし、そのようすをこう記述している。「両陣営の２万人を超える兵士が、三面体の剣身をたがいにつき刺しあっていた（…）わたしはこのホメロス風の大量殺戮をまのあたりにした（…）死体の山が積みあげられ、次々と新しい山ができていった（…）戦闘のこの光景は、高い胸壁に似ていた（…）」

第１次大戦の機関銃と塹壕戦は、銃剣をほとんど無能にした。いまや銃剣が必要なほど兵士が敵に接近することはほぼ不可能だった。第２次大戦では、兵士はいくらか機動力を回復したが、このときには小火器が進歩しており、銃剣はほとんど無用になっていた。それでもこの武器は、接近戦での強みは保持しつづけていた。歴史家のアントニー・ビーヴァーは、スターリングラード攻防戦で、ママイの丘周辺での戦闘がまさに凄惨のきわみに達したことを示す出来事について述べている――２体の遺体が発掘され、ひとりはドイツ兵、もうひとりはソ連兵で、銃剣で同時に相手をつき刺した瞬間に、砲弾が爆発して埋まったのである。

一部の現代軍は、銃剣を完全にすてさっている。アメリカ陸軍は2010年に銃剣の訓練を廃止したが、アメリカ海兵隊はいまなお、OKC-3Sバヨネットは「射撃できない場合に好んで使われる武器」だと断言している。イギリス軍兵士はフォークランド紛争、湾岸戦争、最近では2004年のイラク戦争で銃剣突撃を行なっているが、全体としては、現在支給されているナイフ型銃剣は、おもにワイヤの切断といった銃剣とは異なる用途に使われている。

アメリカ軍新兵に、銃剣刺突に対し防御しない方法を実演してみせる、イギリス軍上級曹長。

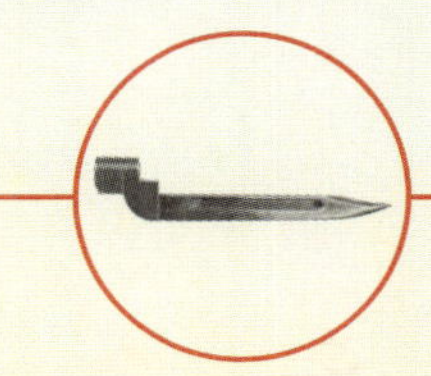

21

発明者：

フランス人？

フリントロック式銃

タイプ：

小火器

社会的

政治的 ■

戦術的

技術的 ■

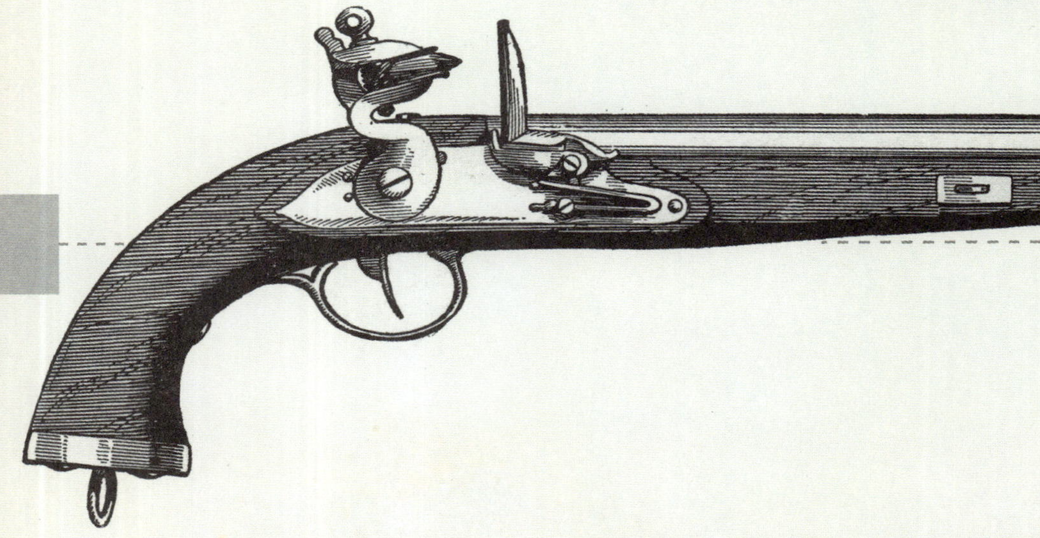

1620年頃

マッチロック式銃は戦争の性質を一変させたが、満足にはほど遠かった。銃手は武器から火のついた火縄をだらりと垂らさなければならず、またあらかじめ装填して待機することもできず、じめじめした天候のもとでは使い物にならなくなった。この武器が歩兵用武器として真に広く普及するには、新たな点火機構が必要とされた。

ホイールロック式銃

1515年ごろ、おそらくドイツのニュルンベルクでホイールロック式銃が考案された。火縄をばね仕掛けの金属製歯輪（ホイール）に置きかえたもので、この歯輪は時計のように巻くことができた。引き金を引くと、歯輪が「ドッグ」または「コック」にとりつけられた黄鉄鉱にあたって火花を出し、火皿に盛った火薬に点火する。本質的に精密に設計されたぜんまい仕掛け装置であるホイールロック式銃は、高価で手入れもやっかいだったため、広く普及することはなかった。たとえばアメリカの植民地住民は、真のフリントロック式銃が登場するまでマッチロック式銃のほうを好んだ。しかしホイールロック式銃は、最初の実用的な拳銃（ピストル）（この名称はおそらく、銃製造がさかんなイタリアの町ピストイアに由来）をもたらしたほか、馬上でも使える「ダグ」としても知られた。拳銃はまた暗殺者にも採用された――1584年、オランダのウィレム寡黙公はホイールロック式銃で射殺され、拳銃で暗殺された最初の世界的指導者となった。

マスケット銃は軽量化されるにつれ、火縄銃にとって代わっていった。1560年代、アルバ公は火縄銃兵100名ごとにマスケット銃兵15名を擁していたが、三十年戦争（1618-1648年）までに、スウェーデン王グスタヴ・アドルフの軍隊はおもにマスケット銃を装備していた。

犬（ドッグ）と雄鶏（コック）

このときには、典型的なマスケット銃は口径13～25ミリ、長さ1.2メートルの滑腔銃身をもち、有効射程は約50メートルになっていた。技術は進歩しつづけていた。「スナッピング・マッチロック式銃」ともよばれるスナップハンスロック式銃は、ばねを動力としたコックと引き金のふたつの部分からなる機構で、引き金を引くのとほぼ同時に発射された。「スナップハンス」という名称は、オランダ語のsnap-haan（つつくニワトリ、またはすばやく動く雄鶏の意）からきている。16世紀後期に開発され、フリズン式、ミュケレットロック式、スカンディナヴィアン・スナップロック式、ドッグロック式といった同様の機構とともに、17世紀初頭の真のフリントロック式銃導入への道筋をつけた。フリントロック式では、当たり金（フリズン）とよばれる鋼鉄製アームに燧石（フリント）があたって火花が生じると同時に、当たり金がはねあげられて火皿が現れるしくみになっている。燧石は最初、1615年のフランス製マスケット銃では黄鉄鉱で代用していたが、1620年ごろに真のフリントロック式銃が登場した。

最初期の型はマッチロック式銃よりも高価なうえ、信頼性も低かったが、フリントロック式銃はまもなくマッチロック式銃にとって代わった。1682年にはイギリス軍に制式採用

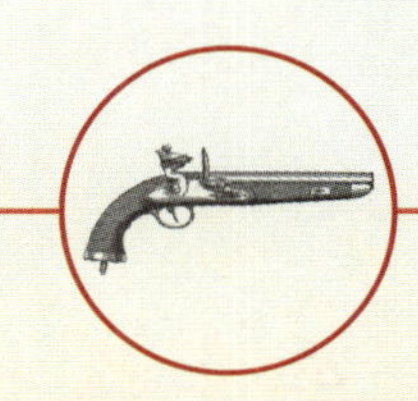

され、同軍はほどなくランドパターン・マスケット銃を開発し、この銃は以後160年にわたりイギリス軍の標準歩兵武器となった。ブラウンベスとよばれ、この名はそのクルミ材の台尻と、人工的に酸で腐食させた砲身に由来していた。

撃ち方待て

18世紀後期にプロイセン軍によって実施されたある実験は、フリントロック式滑腔銃の最大の欠点を痛感させた。この実験では1個歩兵大隊が、前進する敵1個大隊の側面をシミュレートした、長さ30メートル高さ1.8メートルの目標に向けて発砲した。205メートルの距離では、弾丸のわずか25パーセントが目標に命中し、137メートルでは40パーセント、69メートルでは60パーセントに上昇した。実戦では、命中精度はおそらくさらに低下していただろう。よって、1775年のバンカーヒルの戦いに参加したアメリカ軍指揮官があたえたとされる有名な指示はこのようなものだった。「敵の白眼が見えるまで撃ってはならない」(このセリフはおそらく、後日創作されたものだろう)。1705年のブレンハイムの戦いで、フランス軍は、銃口からわずか9メートルのところにあるバリケードを、指揮するイギリス軍将校が剣で切りつけるまで発砲しなかった。

指揮官らは命中精度よりも射撃の量を気にかけていたので、マスケット銃兵に正しい装填と射撃を教えこむためのきびしい訓練を重視していた。それにもかかわらずブラウンベスのような銃は、熟達した銃手であっても装填と発射に40秒かかった。その結果、兵士は敵と接近戦を演じる前に5発より多く撃てることはまずなく、戦場の恐怖のまっただなかでは、射撃が円滑に行なえることはまれだった。グーヴィオン=サン=シール元帥は、ナポレオン戦争におけるフランス軍歩兵全死傷者の4分の1が、後方の友軍からの誤射「フレンドリー・ファイア」によるものだったと見積もっている。1863年にゲティズバーグの戦場から回収した何百挺ものマスケット銃には、2発分以上の火薬と弾丸が装填されたままになっており、戦闘での恐慌状態をはっきりと示していた。

施条

フリントロック式銃は前装式だったが、これは施条(ライフリング)技術には不向きだった。施条とは、銃の内腔にらせん状の溝を切ることで、これにより弾丸に回転があたえられ、命中精度が大幅に向上した。フリントロック式ライフルは製造されたが、より高価であったうえ、装填がはるかにむずかしく(弾丸は銃腔に密着している必要があり、そのためこみ矢で押しこまなければならなかった)、使用はおもに狩猟にかぎられた。有名な例外のひとつがケンタッキーライフルで、アメリカ独立戦争では志願狙撃兵が愛用し、みごとな射撃の技量を披露した。例をあげると、あるイギリス軍将校は、366メートルの距離かららっぱ手の馬に命中させたライフル兵がいたと報告している。

フリントロック式銃の解剖

[A] 当たり金（フリズン）
[B] コック
[C] 火皿
[D] 燧石（フリント）
[E] 燧石を固定する締め具
[F] タンブラーの留めねじ

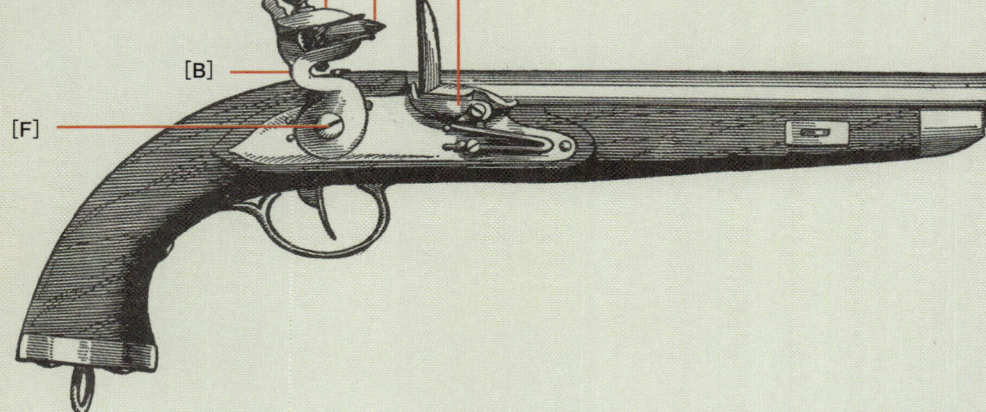

キー・トピック
フリントロック機構

燧石は、ねじで開いたり締めたりできる万力や締め具で固定されている。銃の撃鉄を起こすと、燧石をとりつけたコックが後方に引っぱられる。続いて引き金を引くと、コックが前に倒れ、燧石が当たり金の表面をこすってたくさんの火花が生じ、これが下の火皿に落ち、点火薬に着火する。

フリントロック式銃はマッチロック式銃より軽量だった。その当たり金と火蓋を一体化した機構は、ホイールロック式よりも簡単かつ安価に製造でき、火皿にふたがあるので雨天にも使用可能だった。フリンロック式銃はまた「ハーフコック」ポジションにもでき、これは銃に弾丸と発射薬を装填できても発射されない状態のことで、このおかげであらかじめ装填しておき、いつでもすぐに撃てる状態で待機することができた。こうした進歩により、前装小火器の一向に減らない問題は克服されることになった。フリントロック式銃は広く人気を集め、また驚くほど耐久性もあり、主力歩兵武器として、西欧諸国では1650年ごろから19世紀なかばまで、世界のほかの地域ではさらに長く使用された。

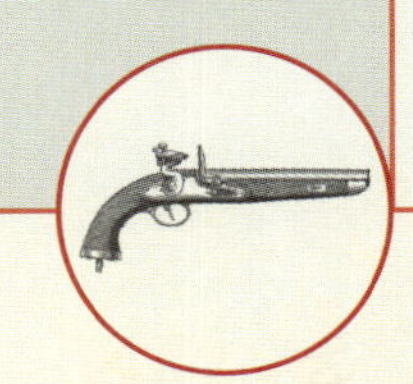

発明者：

スイスの技術者
ジャン・マリッツ

野砲

タイプ：
火砲

社会的
政治的
戦術的 ■
技術的 ■

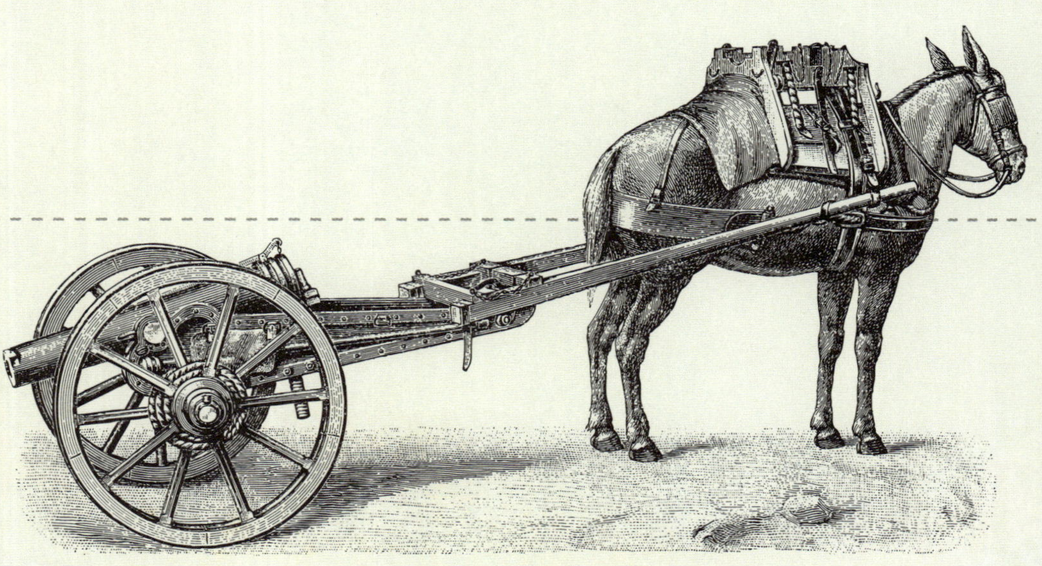

1755年

17世紀になっても、大砲はあいかわらず比較的粗雑なままだった。球形砲弾は砲の内腔にぴったり合っていなかったため、飛ばすのに大量の発射薬を必要とした。これは同時に、砲身が肉厚で重くなければならないことを意味していた。そのため、大砲は攻城戦用の武器でありつづけ、軍事におけるこの分野は1512年から1812年までのあいだほとんど変わらなかった。だがこのころにはもうひとつ別の、戦争の性質とそれにともなう戦死者名簿に重大な影響をおよぼすものが出現していた。

軽量砲

野砲は、戦場で十分効果的に配備できるくらい軽量で機動的な火砲である。1525年のパヴィアの戦いでは、火砲は重すぎて戦闘で決定的役割をはたすことができなかったが（77ページ参照）、17世紀初頭にはこうした状況も変わりはじめていた。

1618年から1648年の三十年戦争において、スウェーデン王グスタヴ・アドルフは傑出した司令官だった。グスタヴは野砲を他に先駆けて使用し、大口径でありながら軽量な火砲を好んだ。エリザベス朝の軍隊は２トン以上の重さのある30ポンド砲をもちいていたが、グスタヴは「皮砲」とよばれる３ポンド砲を使っていた。皮砲の重さはわずか55キロで、重砲を運ぶには14頭の馬が必要だったが、この砲車は２頭で引くことができた。それまでの軍隊のほとんどが兵士1000名につき重砲１門を装備していたのに対し、グスタヴは1000名につき９ポンド半カルヴァリン砲６門と４ポンド砲２門を装備していた。散弾を装填するこうした軽砲は、要塞ではなく歩兵に対して使用することを意図していた。

砲の技術的な限界から、グスタヴは敵を野砲の射程内にとらえるのに悪戦苦闘したが、それでも、大量の軽量砲をもちいる傾向はすでに確立されていた。たとえば18世紀初期、ロシア軍は12ポンド砲の重量を1835キロから491キロに減らし、1713年までにロシア陸軍は１万3000門の火砲を保有していた。ほかの司令官もグスタヴの手本に習おうとした。スペイン継承戦争で、マールバラ公は自身の「砲廠（ほうしょう）」から砲を派遣し、歩兵隊に随行させている。1704年のブレンハイムでは、フランス軍の砲は対仏連合軍より口径では上まわっていたが、マールバラ公の軽砲――イギリスおよびオランダ軍の大隊ごとに３ポンド砲２門を配備していた――が勝利をおさめた。フランス軍の重砲に機動力でまさっていた対仏連合軍砲兵隊は、敵の大隊９個を破壊した。さらに大きな成功が、プロイセン王フリードリヒ大王によって七年戦争（1756-1763年）でなしとげられ、これにより、フリードリヒは多くの人から真の野砲の父とみなされている。フリードリヒは専門の騎馬砲兵部隊を設立して大隊砲の役割を強化し、火砲を戦場のどこにでも迅速に配備できる機動予備隊を創設した。

死体を積み重ねて

1755年ついに、火力を犠牲にすることなく軽量かつ機動的な野砲を製造できる、技術上の飛躍的進歩がもたらされた。スイスの技術

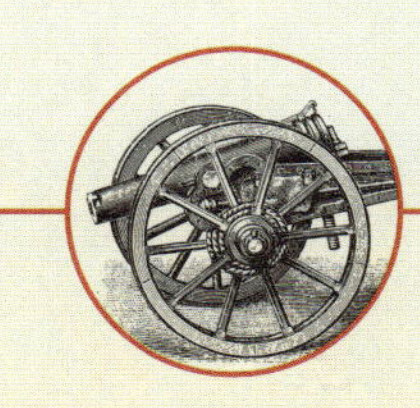

初代マールバラ公ジョン・チャーチルは、イギリス最高の将軍だったと考える歴史家もいる。

者ジャン・マリッツが新たな砲身製造技術を開発し、大砲の砲腔と球形砲弾とがより密着するようになった。これは同時に、より少ない発射薬で同じ推進力を生みだせるということであり、それはまた、大砲の内壁をより脆弱に薄くできるということでもあった。フランス軍将校ジャン・グリボーヴァルは1776年に砲兵監査官になると、この新技術によって生じた機会をとらえ、標準化されたはるかに軽量な大砲、前車、砲車のシステムを考案した。それまで12頭の馬が必要だったところを、いまや標準的な1個砲車部隊は6頭の馬を使用していた――これは第2次大戦に馬が牽引自動車にとって代わられるまで変わらなかった。

グリボーヴァルの改革はナポレオン時代に実を結ぶことになり、ナポレオンは野砲の最初の達人であることをはっきりと見せつけた。革命戦争の初戦である1792年のヴァルミーの戦いでは、砲撃戦は決着がつかなかった。ナポレオンはのちに「火砲もほかの武器と同様、決定的結果を得たければ、ひとまとめにしなければならない」と述べている。ナポレオンの戦術は、火砲を最大100門からなる大砲兵大隊に集中させ、続いてそれをできるだけ敵隊形に接近させるというものだった。この大規模な隊形は破壊的効果をもたらした。1812年のボロディノの戦いで、ロシア軍砲兵将校ラドジツキーは、フランス軍の弾幕砲撃に対する感想とロシア軍の反撃についてこう記録している。「一斉砲撃は間断なく続き、それはまもなく雷雨のようなひと続きの轟音へと変わり、人為的な地震をひき起こした」。この戦いが終わるまでに、約12万発の球形砲弾が発射されていた。ウジェーヌ・ラボームは、死者

「擲弾（てきだん）兵はマスケット銃を心と右手にたずさえ、勇猛果敢に（…）この燃えたぎる火山の口に突進する（…）しかしそれは［オーストリア軍の］鉄の機関の口で、猛烈な炎と煙をあげる砲撃に大半が去る。中隊ごと、連隊ごと倒される、あの恐ろしい730メートルで（…）」

トルガウの戦いについて、トマス・カーライル『フリードリヒ大王伝（History of Friedrichn II of Prussia）』（1760年）

ウィリアム・サドラーによる、ワーテルローの戦いの全景描写。

の山という山のあいだは、「激しい嵐のあとのあられやひょうと同じくらい無数の武器や槍、兜、胴鎧、球形砲弾でおおわれ」、足のふみ場もなかったと記述している。

ナポレオンの野砲運用能力は、1807年のフリートラントの戦いの指揮によって実証された。ロシア軍歩兵隊をアレ川の湾曲部に閉じこめると、フランス軍砲兵司令官セナルモン将軍は、砲をロシア軍から600歩、次に350歩、さらに150歩、そしてわずか60歩のところまで移動させた。散弾の一斉砲撃は大損害をもたらした。ロシア軍は50パーセントを超える死傷者を出し、兵士4万6000人のうち2万5000人が失われたが、これに対しフランス軍は、8万人のうち失われたのはわずか8000人だった。しかし騎馬砲兵の決定的な戦術的効果が、最終的にワーテルローで証明されることになった。この戦いでは、ナポレオンは砲の数においても口径においてもまさっていたが、マーサーとブルが率いるイギリス軍騎馬砲兵隊が、時宜を得た介入でフランス軍騎兵隊に近距離から猛攻をくわえ、勝利をおさめた。マーサーは自軍の大砲がいかに「死体の山を積み重ねて」近衛擲(てき)弾騎兵連隊を撃破したか語り、ウェリントンは賞賛してこう述べている。「あれこそ、わたしが見たいと思う騎馬砲兵隊の機動である」。ナポレオン戦争は、伝統的な青銅製および鉄製の野砲が大々的に使用された最後の戦争だった。1850年代には鋼鉄砲が登場してようやく後装砲が可能になり、火砲における大きな前進となるのである（106ページ参照）。

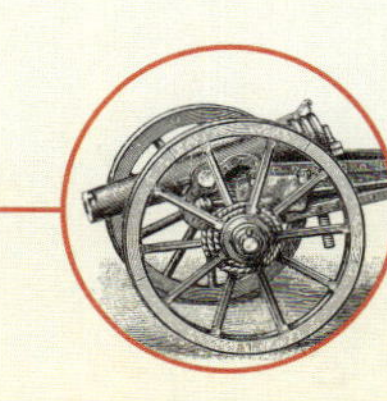

23

発明者：

スウェーデン人？

榴弾砲

タイプ：

火砲

社会的

政治的

戦術的 ■

技術的 ■

18–20世紀

榴弾砲は、カノン砲（直射砲。野砲はこの一種）と迫撃砲のほぼ中間にあたる砲である。カノン砲は防壁や敵隊列への直接射撃にもちいられ、射撃弾道と照準線が見通せる場合に使用される。長射程だが、比較的小口径の砲弾が使われる。いっぽう迫撃砲は、大口径の砲弾を障害物の上を超えて高く弧を描くように投射するが、目標にかなり接近する必要がある。それに対し榴弾砲は、射程は短いものの、大口径の砲弾を発射する。障害物の上方へ発射できるが、前線の少し後方の位置からにかぎられる。大口径のわりに、軽量で砲身長が短いことから機動性があり、攻城砲と、歩兵への戦術火力支援の両方に使用することができる。

フス派の榴弾砲

「榴弾砲（howitzer）」という名称は、フス戦争（1419−1434年）でフス派信徒が使用した、荷車にのせた中口径砲に由来する。フス派には「houfnice」とよばれていたが、これがのちにドイツ語の「haubitze」、オランダ語の「houwitser」になった。迫撃砲とカノン砲をかけあわせた砲という現在の意味での榴弾砲は、17世紀なかごろ、おそらくスウェーデンで発明されたと考えられる。この言葉は1695年に英語の用法にくわえられ、1704年には、マールバラ公が榴弾砲を攻城砲列に使用していた。20.3～25.4センチという大口径にもかかわらず、榴弾砲は6頭の馬で引けるほど軽量で、それに対し6ポンド砲は13頭の馬が必要だった。

18世紀のグリボーヴァルの改革（96ページ参照）により、一連の異なる口径の榴弾砲がフランス軍に採用され、このころには、プロイセン陸軍が10および18ポンド榴弾砲を使用していた。1760年代には、プロイセン軍も7ポンド榴弾砲を「大隊砲」として採用し、歩兵に火力支援を行なっていた。前車が短い榴弾砲は、戦場をあちこち迅速に移動させられるほど機動性が高いうえ、前進する歩兵隊の頭上と防御胸壁を越え、高く放物線を描きながら砲弾を発射できるほど威力もあった。

攻城堡塁（ほうるい）では、榴弾砲は迫撃砲より機動力があるため、機会が生じるたび位置を変えて目標を攻撃することが可能だった（たとえば、防壁を修理しようとしている防御者を目標にするなど）。19世紀には、さまざまな口径の榴弾砲が同時に使用できるようになった。たとえば1812年のバダホス攻囲では、3種類の口径が使われ、小さい5.5インチ口径は防御者に照準を合わせ、大口径の24ポンド砲で要塞を砲撃し、さらに12ポンド砲で、要塞の裂け目に攻撃をかける際に掩護射撃を行なった。

規模をとわず

榴弾砲は19世紀をとおして普及しつづけ、非常に軽量な型は「山岳榴弾砲」として使用された。というのも、12ポンド口径のものでも重さが89キロしかなかったからだ。こうした砲は部品に分解し、ラバの背にのせて運ぶことができた。車輪つきの山岳榴弾砲が1843年の北米遠征隊に随伴したが、これは北米大陸を横断した最初の車両だったと主張する声もある。

榴弾砲の有用性は、南アフリカのボーア戦

「その火砲にかんするかぎり、使用はすぐに一般的になった。榴弾砲のにぶい音が施条砲のするどい砲声にくわわった（…）射撃は慎重に行なわれたが、正確とはかぎらなかった」

南北戦争の榴弾砲砲手E・C・ゴードンが兄弟に宛てた手紙より（1861年）

争（1899-1903年）での指揮官の経験によってイギリス陸軍に痛感された。この戦争で、ボーア人は榴弾砲を効果的に使用した。1908年、イギリス陸軍は独自の新型11センチ榴弾砲を認可し、この榴弾砲は第2次世界大戦まで使われつづけた。

第1次世界大戦開戦時には、真に巨大な砲が開発された。このうちもっとも有名なのがドイツの列車砲「ビッグ・バーサ」で、口径43センチ、780キロの重さの砲弾を15キロ飛ばすことができた。『イギリス軍軍事作戦——フランスとベルギー 1915年（British Military Operations: France and Belguim 1915）』によると、この砲弾は「お粗末に敷かれたレールの上を暴走する路面電車のような騒音をたてて空中を飛んできた」という。この名称はドイツ語の「ディッケ・ベルタ（太っちょベルタ）」に由来し、武器製造業者クルップ社の女子相続人ベルタ・クルップにちなんで名づけられた。この巨砲は当初、ベルギー軍によってリエージュ周囲などに築かれた装甲堡塁を破壊することを目的に4門が製造された。この装甲堡塁は、火砲には打ち破れないとされていたが、巨砲によってあっさり粉砕された。

戦争終結までに、さらに巨大な榴弾砲が建造された。イギリス軍は46センチ榴弾砲を多数発注したが、結局、休戦後にようやく納品された。そのうちのひとつが現存しており（世界でわずか12門だけ現存する列車榴弾砲のひとつ）、重量190トンで、スクールバス17台分とほぼ同じ重さがある。

20世紀には、榴弾砲はカノン榴弾砲（伝統的な榴弾砲より直射砲に近い火砲）として知られるものへと進化しながら、現代軍の主力でありつづけている。たとえば、アメリカ海兵隊はM777軽量155ミリ榴弾砲を使用しているが、その理由をこう説明している。「この砲は海兵隊歩兵部隊に、高精度の火力をタイムリーかつ持続的に提供してくれる」。M777が採用されたのは、まさにそれが軽量で「迅速に展開可能」であり、7トントラックで牽引するか、もしくはヘリコプターにつるして空輸できたからである。カノン榴弾砲はアフガニスタンのような、照準線上の敵にくわえ、丘の頂上にいる敵部隊も攻撃する必要のある場所での現代戦の要求にぴったり適っている——カノン榴弾砲なら、斜面の前方はもちろん、裏側にも命中させることができるからだ。

榴弾砲の解剖

[A] 砲身
[B] 復座機
[C] 揺架(ようか)
[D] 駐鋤(ちゅうじょ)
[E] 下部砲架
[F] 被筒
[G] バレル(被筒と砲身を合わせたもの)

キー・トピック
砲弾

榴弾砲には通常砲弾ではなく、爆発型砲弾が装填されることも多かった。爆発型砲弾は、鉄製の球体に火薬をつめ信管をとりつけたもので、1588年、ヴァハテンドンクのオランダ軍要塞を攻囲したスペイン軍によってはじめて使用された。また、真っ赤に熱した金属性球形砲弾を要塞内に曲射弾道で投げこみ、火をつけたりもした。現在、榴弾砲の砲弾は驚異的な射程と命中精度を実現している。

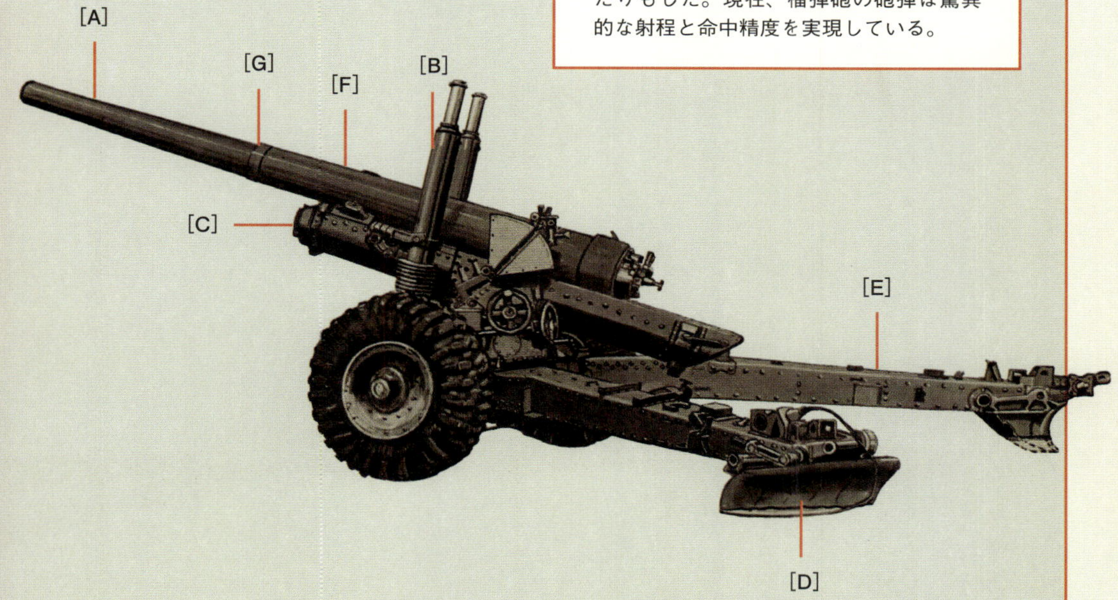

榴弾砲は、砲弾を高い弾道を描いて発射する大砲にほかならないので、砲身、揺架、砲耳、砲架など、ほかの現代の大砲と同じ特徴をもっている。砲尾や空気圧式駐退復座機の登場は、榴弾砲の設計と性能に重大な影響をおよぼしたが、榴弾砲システムのもっとも重要な要素は、砲の部品などではなく、「視界外」すなわち非照準線のターゲティングを可能にする弾道表である。

24

発明者：

ヨハン・ニコラウス・フォン・ドライゼ

針打ち銃

タイプ：
ボルトアクション式後装ライフル

社会的
政治的
戦術的 ■
技術的 ■

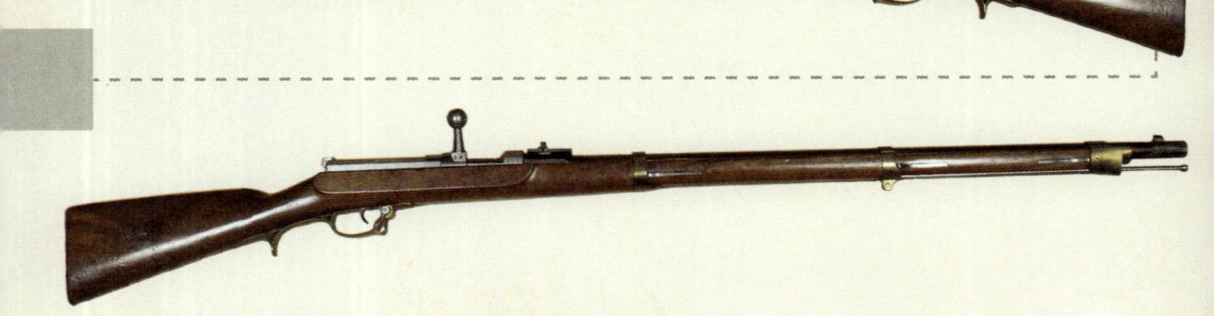

1836年

ドライゼの「針打ち銃（ニードルガン）」（ツュンナーデルゲヴェーア）は、登場から数年たたないうちに原始的で危険な時代遅れの銃になったが、史上もっとも独創性に富んだ小火器のひとつに数えられ、現代戦の発達に多大な影響をおよぼし、大量虐殺の恐るべき新時代をもたらした。

３分野の専門家

針打ち銃の画期的特性は、施条、後装式、実包を組みあわせた銃を最初に大量生産し、広く入手できるようにしたことだった。こうした進歩は、マスケット銃がその登場以来悩まされてきた深刻な欠点を解決することになった。前装式は達成可能な発射速度が制限されるうえ、つき棒を使う必要があるということは、銃手が立って——敵の銃火にさらされて——再装填しなければならないということだった。発射薬、弾丸、点火薬をすべて別々に装填する必要があったのだから、装填作業に時間がかかったのもうなずける。前装式はまた、弾丸と銃腔とがぴったり合っていないほうがよく、そうでなければ、きつすぎて押しこむことができなかった。これは結果として、銃身に施条を切ることを不可能にし、マスケット銃を滑腔銃に制限していた。滑腔銃は救いようのないほど命中精度が低く、弾丸が銃腔に密着していなかったので、発射薬の爆発から放出された燃焼ガスは弾丸の周囲からもれ、推進力の大半がむだになった。

こうした欠点を克服するには、銃身の尾部から——銃尾を経由して——施条銃身にぴったり合う弾丸が入った実包を装填できる銃を開発する必要があった。そのような銃は、はるかに高い命中精度でより長い射程に発射でき、さらにずっと高い発射速度も達成できるうえ、うつ伏せの姿勢で再装填が可能だった。こうした技術の明らかな魅力は、それを実現するための技術的問題に打ち消された。実包がうまく機能するには、瞬時に爆燃する点火薬と、均一にすばやく1方向に燃える発射薬が必要で、同時に銃を後装式にするなら、施条銃身が唯一実際的だった。しかしいちばん達成がむずかしいのが、後装式だった。

こうした技術はすべてすでに考案されており、そのうちふたつは何百年も前に発明されていた。最初に成功をおさめた施条銃（ライフル）（ドイツ語のriffeln、「溝を切る」に由来）は1700年ごろに考案されたが、いくつかの例外を除き(92ページ参照)、装填のむずかしさが障害にならない狩猟武器に利用された。19世紀なかごろまでに、ライフルはそれまで不可能と思われていたような命中精度を達成した。1860年、ヴィクトリア女王が射撃競技会を開き、新型のホイットワース・ライフルの射撃実演が行なわれた。女王はコンテスト史上もっとも正確な射撃を記録した。最初期の実包は16世紀に登場し、それはマスケット銃用の発射薬を紙に包んでよったもので、1600年ごろには、実包に弾丸がふくまれるようになっていった。17世紀末には、兵士が実包の弾丸側を歯でかみちぎり、発射薬を銃口から流しこみ、そのあと装薬おさえとして紙を入れ、その上に弾丸を押しこんだ。

後装式は早くも14世紀に火砲で試されていた（107ページ参照）。後装式はレオナルド・

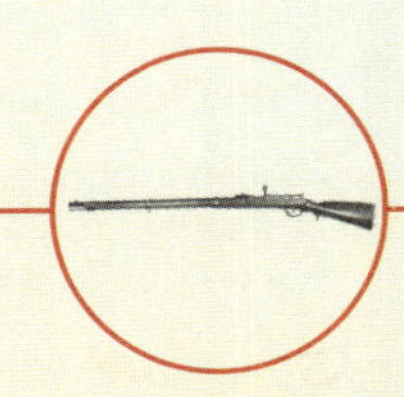

ダ・ヴィンチが考案したとされ、ダヴィンチのアトランティコ手稿（1500–1510年）には後装式の火縄銃が描かれている。この大口径マッチロック式マスケット銃の銃身は、尾部近くが装填できるようにねじ式になっており、これは「ターンオフ」銃尾とよばれる。銃身後方の銃尾をねじで開閉できるスクリュープラグ式後装銃は、早ければ16世紀に発明されたが、軍用銃として最初に真の成功をおさめたのは、スコットランド人のパトリック・ファーガソン少佐が1776年に特許をとったライフルである。1812年には、スイスの銃工ヨハネス・ポーリーが紙製薬莢を使用する中折れ式後装銃を発明し、ある射撃実演で１分間に22発という驚くべき記録を達成した。だがこれはスポーツ銃で、後装式と実包の組みあわせが軍用銃として成功をおさめるには、針打ち銃を待たなければならなかった。

秘密兵器

ポーリーがパリで設立した工房の銃工のなかに、プロイセン人のヨハン・ニコラウス・フォン・ドライゼがいた。1836年、ドライゼは世界最初のボルトアクション式後装銃の特許をとり、のちに世界のすべての軍隊で使用されるライフルの標準となる方式を導入した。この方式は今日も、多くの狩猟用または標的射撃用ライフルで使われている。この方式では、まず銃尾を開いて装填し、閉じたら、ドアに使われるのとほぼ同じボルトで閉鎖する。針打ち銃は、ボルト内のばね仕掛けの細長い針（撃針）からその名称がつけられた。ボルトを引きもどすと、同時に撃針が後ろに引かれる。続いて引き金を引くと、ばねがゆるみ、その力で針が前進し、装填された紙製薬莢を貫通する。針は実包の中央にある雷管を打ち、発射薬に点火し、施条銃身から15.2ミリ口径弾を発射する。このようにドライゼの銃は、後装式と実包、それに施条とを組みあわせたものだった。

針打ち銃はけっして完璧とはいえなかった。銃尾は燃焼ガスがもれるのを防ぐほど密封されておらず、また撃針自体ももろく、とくに腐食性の高い火薬の燃焼ガスにさらされるせいで壊れやすかった。針打ち銃の最初の型はかなり危険だった。あるときドライゼは、腕に包帯を巻いて射撃実演のためプロイセン陸軍を訪れたことがあった。装填中に実砲が爆発し、負傷したのである。それを見た軍側から、銃の設計を改良してから出なおしてこいといわれたという。

どうやらドライゼはそれに成功したらしい。というのは1841年、プロイセン軍が針打ち銃を軍の標準仕様の武器として採用したからだ。軍上層部はその可能性に夢中になった。なにしろ針打ち銃は、前装式マスケット銃が１発発射するところを４～５発発射でき、さらにうつ伏せの姿勢で再装填することも可能だったからである。当初、プロイセン軍はこの武器の中核技術を秘密にしておこうとしたが、結局、その威力を劇的に実演してみせたことで、ほかのヨーロッパ諸国に気づかれることになった。

「あの速射に立ち向かえる者など誰もいない」

オーストリア軍「ブラック・アンド・イエロー」旅団の軍曹、ケーニヒグレーツ（サドヴァ）の戦いを終えて（1866年）

速射

この最初の実演は1864年、第2次シュレースヴィヒ・ホルシュタイン戦争での小規模な交戦、ランドビーの小戦闘で行なわれた。当時、歩兵戦術の頂点は、フランス軍があみだした「急襲戦術」とされ、この戦術では、マスケット銃による一斉射撃は本質的に役に立たないことを前提にしていた。マスケット銃は命中精度が低く、再装填にも時間がかかったので、敵と交戦になる前に、突撃部隊が1度だけ、たいして損害をあたえられそうにもない一斉射撃を行なうことになっていた。このようにして、フランス軍は敵に壮絶な銃剣突撃をかけ、大成功をおさめていた。第2次シュレースヴィヒ・ホルシュタイン戦争では、デンマーク軍がオーストリア・プロイセン連合軍と対峙した。デンマーク軍とオーストリア軍はまだ急襲戦術に固執していたが、デンマーク軍派遣部隊は、ランドビーで針打ち銃で武装したプロイセン軍部隊に突撃をかけた際、歩兵射撃術のルールが根本的に変化していたことにはじめて気がついた。プロイセン軍は姿を現すことなく、照準を合わせるのと同時に速射することができたのである。デンマーク軍は銃弾を受けて次々となぎ倒され、わずか20分で兵士の半数を失った。それに対しプロイセン軍の死傷者は3人だけだった。

ランドビーでの戦闘によってほかの国々も事態に気づくべきだったが、この戦訓は、プロイセンとオーストリア間で戦われた1866年の七週間戦争でようやくしっかりいかされることになった。プロイセン軍のすぐれた組織的管理と、オーストリア軍の指揮能力の欠如が、1866年のケーニヒグレーツ（サドヴァ）でぶつかりあった。前装銃を装備したオーストリア兵は、勇敢にも正面攻撃をかけたが、針打ち銃で武装したプロイセン兵のほうがはるかに上手だった。

7週間の戦争で、プロイセンは500万人の住民と6万5000平方キロメートルの領土を手に入れた。チャーチルはのちに「フランスは不吉な悪寒に身震いした」と書いている。この戦争のあと、ヨーロッパのすべての軍隊が先を争って後装銃を装備した。スウェーデン軍はハグストローム、イタリア軍はカルカーノ、フランス軍はシャスポーをそれぞれ採用した。とりわけシャスポー銃は針打ち銃よりはるかにすぐれ、閉鎖機構はより安全で、射程、命中精度、信頼性でも上まわり、発射速度も高かった。第2次シュレースヴィヒ・ホルシュタイン戦争からわずか6年、そして七週間戦争から4年後の普仏戦争（1870–1871年）までに、針打ち銃は時代遅れになっていたが、そのときにはすでに、針打ち銃は戦争を根本から変えてしまっていた。

25

発明者：

ウィリアム・アームストロング

後装野砲

タイプ：
火砲

社会的
政治的
戦術的 ■
技術的 ■

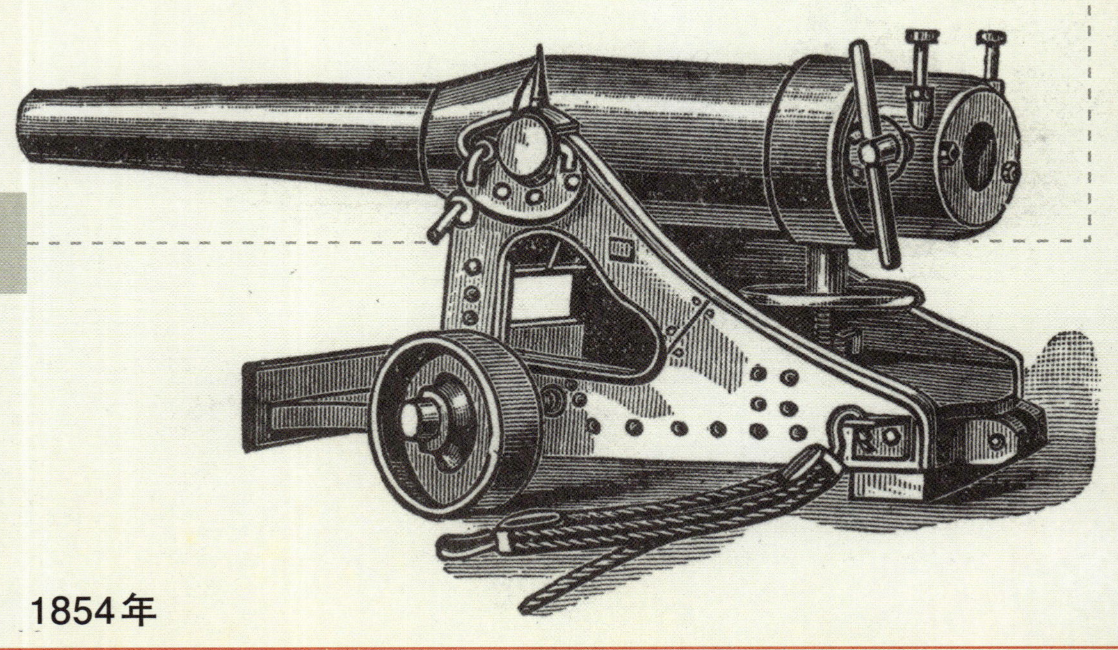

1854年

野砲の開発は小火器の開発と並行して行なわれたが、大砲の大きさと威力を増大させることは大きな技術上の問題をひき起こし、そのため火砲は遅れをとった。しかし19世紀なかごろからさまざまな革新がいっきにもたらされ、それまで以上に強力で速射可能な大砲がつくられ、その時代のもっとも破壊的な武器となった。

緊塞(きんそく)の問題

小火器と同様に、大砲もまた前装式滑腔砲身の技術的欠点に悩まされた。後装式と施条を組みあわせれば、発射速度が上がるほか、射程と命中精度も大幅に向上するはずだった。じつは、最初期の大砲の多くは後装式で、着脱式の薬室に発射薬をつめて砲尾に差しこみ、木のくさびをたたきこんで固定していた。一般にペリエとして知られる、この種の後装式の軽砲は、百年戦争で使われた。しかしより強力な火薬が登場すると、緊塞が不十分であることが問題となった——緊塞とは、発射薬の高速燃焼から放出される高温ガスがもれるのを防ぐため、砲尾を密閉することをいう。数世紀のあいだ、唯一、一体成型で鋳造された金属砲だけが爆発圧力に耐えることができた。フランスのシャスポー銃のような小火器は、ゴム製の緊塞環を使ってこの問題を克服するが、大砲にはもっと頑丈なものが必要だった。

そのころ、ほかのいくつかの進歩が、ポスト・ナポレオン時代の大砲の性質を変化させていた。施条が導入されて命中精度が向上し、錬鉄が鋳鉄に代わって使われるようになった。1840年代には、鋳鉄砲よりすぐれた錬鉄砲が利用できるようになったが、各国の軍部は、大砲の破裂事故がよく知られていたため導入しようとしなかった。

砲の建造に科学的原理が適用され、「組立」砲が開発された。これは、最大の力がかかる砲身の部品のまわりを同軸チューブでかこみ、それを「圧縮」してつくる、びん形の大砲である。この製法はウィリアム・アームストロングがもちいており、彼は1854年、組立式の後装施条砲を設計した。だがこのような砲は、アームストロング砲が最初というわけではなかった——施条と後装式の組みあわせは、1846年にイタリアでカヴェリによって実現されているし、さらにイングランドでも、ジョーゼフ・ホイットワースの3ポンド砲が、6400メートルを超える距離から驚異的な命中精度を達成している。しかしアームストロング砲は、もっとも成功をおさめ、はじめて野砲と艦砲に広く採用された砲だった。アームストロング砲は砲尾が後方にあり、鋼鉄製の垂直式鎖栓を砲尾に落としこんで、ねじで締めて閉じられていた。2年後、ドイツの大砲製造者アルフレート・クルップが異なる後装施条砲を考案したが、それは鋼鉄でつくられていた。

鋼鉄の砲

鋳鋼(ちゅうこう)(鋼の一種)は抗張力(引っぱり強さ)が錬鉄の2倍、鋳鉄の4倍あった。鋼鉄は鉄

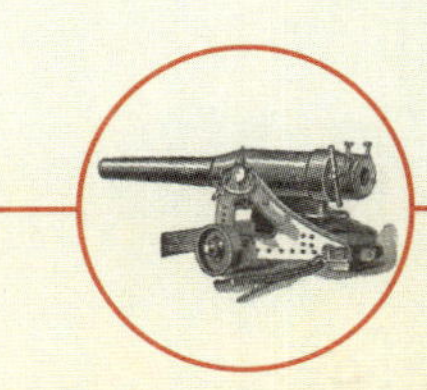

スダンへ入るすべての道を守る、バゼイユ村の破壊された残骸。スダンでは、プロイセン軍の後装野砲がフランス陸軍を粉砕した。

器時代から知られていたが、その化学的性質が理解されていなかったため、偶然まれにできるだけだった。ドイツの銃砲製造者で発明家のフリードリヒ・クルップは、鋳鋼の製造技術を習得し、息子のアルフレートはやがて「大砲王」として知られるようになった。1851年、ロンドン万国博覧会で、アルフレートはそれまでのものよりずっと軽量な鋳鋼製3ポンド砲を出品した。しかし鋼はもろくて危険なのではないかという不安が、保守的なことで有名な各国の武器監督官の疑念をまねいた。

クルップ砲もアームストロング砲も軟質金属製の緊塞環を使用していたが、後者の場合、密閉は大量の装薬に耐えられるほど頑丈ではなかった。くわえて、施条砲にもちいられる長い円筒形の砲弾は、滑腔砲で使われる球形砲弾より重かったので、こうした初期の後装施条砲のなかには、砲弾の初速が同時代の前装砲よりも低いものもあった。衝撃エネルギーは、発射体の質量に速度の2乗をかけたものなので、発射体の速度は質量よりもはるかに重要である。飛ばす距離が長ければ、より重く流線形をした施条砲の砲弾は、球形砲弾よりずっと長く速度を保つが、短距離なら、前装砲の砲弾のほうがあたえる衝撃が大きかった。そのためイギリス軍は実際、しばらく滑腔砲にもどったことがあった。

技術的進歩は速いペースで続いた。隔螺(かくら)式尾栓は、砲尾をすばやく閉じるという問題に対する巧妙な解決策だった。砲身の後部にねじ山が切られ、それを閉じるのに使う尾栓にも同様にねじ山が切られていた。だが尾栓を何度もまわしてねじこむ必要はなく、どちらもねじ山が一部とり除かれているので、蝶つがいにとりつけられた尾栓を回転させてはめこんだら、1度まわすだけですべてのねじ山がかみあうようになっていた。この場合の砲の緊塞は、フランス軍将校シャルル・ラゴン・ドバンジュが考案した、きのこ型部品を使った方式がもちいられた。クルップ砲は、水平式鎖栓と金属製薬莢を使用した異なる方式を採用していた。この方式では、実包内部の発射薬が高速燃焼すると、真ちゅう製の薬莢が膨張して砲腔の内壁に密着し、砲尾を閉鎖するようになっていた。後装施条砲は十分に発

「(…)完全な状態の、そこなわれていない死体を1体でも探そうとしたがむだだった——兵士は砲撃を受けてばらばらになっていた(…)」

スダンの戦いでのプロイセン人の観察者(1871年)

達し、1861年にプロイセン軍、1867年にはロシア軍、さらに1870年にはアメリカ軍にそれぞれ採用された。

おまるのなか

フランス軍は独自の型を保有していたが、この砲は、プロイセン軍が装備していた鋼鉄製のクルップ砲よりかなりおとっていることがわかった。その差が歴然となったのは、1871年、普仏戦争の山場となったスダンの戦いでのことで、この戦いでは野砲が、ナポレオン時代に最後に享受していた首位の座を回復した。スダンの町に閉じこめられ、周囲をクルップ砲500門を設置した丘に囲まれたフランス陸軍は、こなごなに吹き飛ばされた。この状況を見たフランス軍のデュクロ将軍が「われわれはおまるのなかにおり、いままさにくそをされそうになっている」といったのは有名な話である。

火砲が直面したもうひとつの技術的な課題は、反動の問題だった。標準的な大型の滑腔砲は、発射すると最大2メートル後退するが、これはつまり、発射するたびに「置きなおす」必要があったということだ。これは同時に、照準を調整しなおすということでもある。この問題は、反動エネルギーを吸収・蓄積し、それを利用して大砲をもとの位置に押しもどす機構を開発したことで解決された。

パズルの最後のピースは、よりゆっくり一定の速さで燃える新たな無煙火薬を開発することだった。つまり、爆発燃焼が砲腔の長さにそって均一に広がり、どの時点においても超高圧にならないようにすることでより大きな力と高初速が得られるのである。これにより、尾栓を手にあまるほど肉厚にすることなく、より長砲身で大口径の砲をつくることが可能になった。

1897年、このすべての進歩がひとつの砲――フランスのソワサンカーンズ、すなわちM1897 75ミリ野砲に結集した。液気圧式駐退復座機、隔螺式閉鎖機をそなえ、「固定式」(すなわち一体型) 砲弾を使用するM1897は、毎分15発の砲弾を発射でき、そのすべてを目標に命中させることが可能だった。20年後も、この砲は依然として世界最高の大砲として広く認められており、フランス軍はもちろん、アメリカ軍にも採用されていた。M1897と、ドイツ、ロシアが開発した同様の砲が登場したことで、砲撃による戦死者の割合が、ナポレオン時代には60パーセントだったのが、第1次大戦の西部戦線では、ロシア・トルコ戦争 (1877-1888年) のわずか2.5パーセントからはねあがって、ふたたび60パーセントに逆もどりすることになった。

発明者：
リチャード・ジョーダン・ガトリング

ガトリング砲

タイプ：
速射火器

社会的
政治的
戦術的 ■
技術的 ■

「ひとりの兵士に100人分の兵士の仕事を速射によってさせることが可能な機械――銃――を発明できれば、おそらく大規模な軍隊は必要なくなるだろう、という考えがわたしの頭に浮かんだ」
リチャード・ガトリング、1877年

1861年

アメリカ南北戦争が激化すると、ノースカロライナ州マネーズネック出身のリチャード・ジョーダン・ガトリングは、工業時代における戦争の性質の変化を象徴することになる野砲を開発した。この武器は、回転シリンダーに銃身を6本搭載していた。アメリカ陸軍に採用されたのは1866年になってからのことで、1864年に北軍のベンジャミン・バトラー少将が最初に購入し（1挺1000ドルで12挺）、その後の数年間でヨーロッパのほとんどの政府が購入した。

リチャード・ジョーダン・ガトリング

速斜

南北戦争（1861–1865年）は、産業革命が戦争におよぼした変化をおおいに物語っていた。交通と通信が発達したことで、大軍を展開する流動的な攻撃姿勢が促進されるいっぽう、それに対抗するための塹壕網や有刺鉄線といった防衛技術が発展した。南北戦争では広く使われなかったが、それでもガトリング砲は、かぎられた数の戦闘員が猛烈な火力を生みだすことを可能にして、こうした発達に貢献した。

ガトリング砲は開発の初期段階をへて、かなり信頼性は高かったが、不整地では機動力に欠けていた。おそらくこれが、ジョージ・アームストロング・カスターがリトル・ビッグ・ホーン川流域に向けて出発する際、ガトリング砲兵中隊をともなわなかった理由のひとつだったのかもしれない。カスターの部隊がガトリング砲の恐るべき火力を有していたなら、結果はちがっていただろう。しかしおそらくこの銃がもっとも決定的に使用されたのは、1898年のアメリカ・スペイン戦争だろう。ブラディ・フォードの戦いで、北軍第5軍団のガトリング砲派遣部隊は、10分たらずのあいだに1万8000発も発射して戦況を一変させ、多くのアメリカ人の命を救ったのである。

だがそのころには、ガトリング砲はすでにすたれていた。自動式のマキシム機関銃が発明され、ガトリング砲はそれにとって代わられ、注文は減っていた。発明者が1903年に亡くなると、この武器は10年たたないうちに時代遅れになった。しかし革新的発明品として、ガトリング砲は工業諸国の支配権の確立に寄与した。この銃のおかげで植民地軍は、増強された火力を利用して、かぎられた兵力を補うことができたのである。ガトリング砲とその先行モデルは、側面にまわりこまれる危険がいちじるしく少ない場所にあらかじめ設置した場合、もっとも効果を発揮し、また射界を連動させることで、各銃の殺傷力がさらに向上した。このような防御的・静的姿勢への転換は、フランドルの塹壕で防備された戦場に大きく貢献した。

27

発明者：

ハイラム・マキシム

マキシム機関銃

社会的 ■

政治的

戦術的 ■

技術的

タイプ：
重機関銃

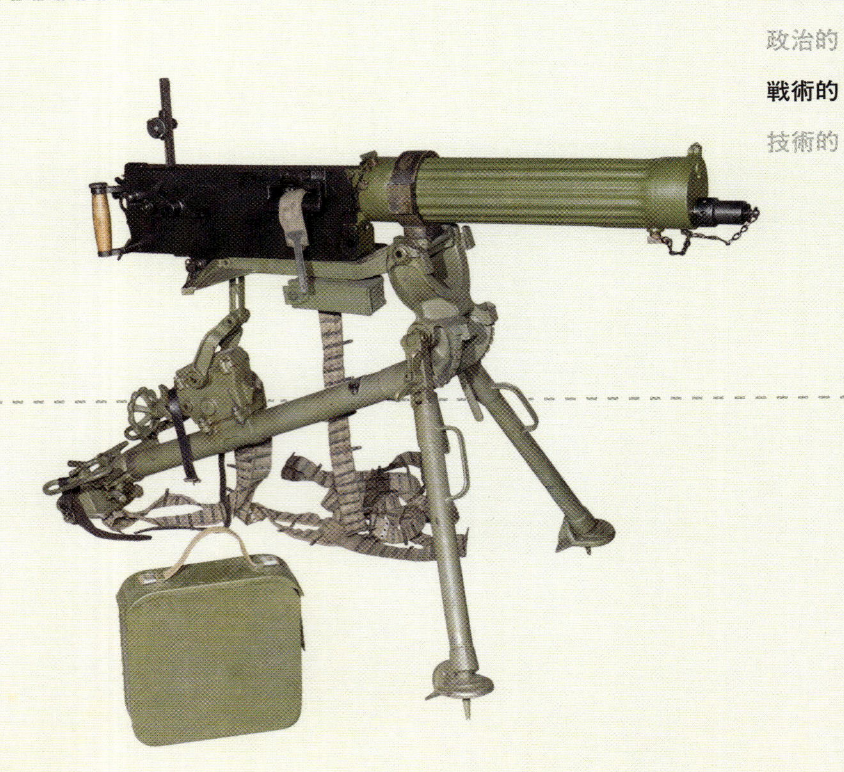

1884年

1885年、ハイラム・マキシムは最初の全自動機関銃（フルオートマティック）を発明した。これは、弾丸を発射して空の薬莢を排出し、次の弾丸を装填してふたたび発射するという過程を、引き金を押し下げているかぎり、また弾薬が送りこまれているかぎり連続することのできる小火器をいう。これにより、マキシムはひとりの兵士の手に40人のライフル兵の火力をもたせたのである。熟練したライフル兵の場合、1分間に15発発射することが可能だったが、機関銃なら1分間に600発発射することができた。戦闘の性質がどれほど変化したか、それを把握できた軍首脳部はほとんどおらず、この失敗は恐ろしい結果をまねくことになった。

ハイラム・マキシム

ミトライユーズが逃した好機

小火器の歴史の初期から、連発銃と多銃身砲の実験は行なわれていたが、最初の実用的な機関銃はフランスのミトライユーズで、ナポレオン３世（銃砲技術の熱心な研究家）の後援を受け、1851年から1869年のあいだにベルギー人のファシャンプとモンティニーによって開発された。当初は37本（のちに25本に減らされた）の銃身を装備し、重さが１トン、４頭の馬で引く砲車に搭載され、１分間に――クランクを操作する速さによってはもっと長い場合もある――370発（10弾倉）発射できた。これは戦争を一変させる可能性を秘めた武器だったが、残念ながらフランス軍は手にしたものの価値がわからず、ミトライユーズを火砲とみなし、歩兵に随伴させるのではなく、大砲とともに配置した。さらにはこの武器を秘密にしようとして、自軍の兵士の大半には、最大限の効果を発揮できるほどこの銃の操作について理解させず、そのいっぽうでプロイセン軍にはこの存在を知られてしまう始末だった。火砲とともに配置されたミトライユーズ部隊は、普仏戦争中、とくにこの武器を破壊しようと砲火を集中してきたプロイセン軍砲兵中隊の格好のえじきになった。グラヴロットの戦いで、あるときたった１挺のミトライユーズを歩兵支援武器に使用しただけで、プロイセン側に2600人――敵全軍の半数――の死傷者を出したことがあった。フランス軍はこうした経験から戦訓を学ばなかったが、プロイセン軍のほうはもっと注意深かった（以下参照）。

ヨーロッパ諸国のためのなにか

ここで、ハイラム・マキシムが登場する。フランス系アメリカ人のマキシムは発明家で、かつては電気産業で働いていた。その発明品には、すぐれたネズミ捕りや世界初の自動火災用スプリンクラーなどがあった。あるときヨーロッパに商用で出張したおり、マキシムは別のアメリカ人に「本気で大金をかせぎたければ、このヨーロッパ人がいともたやすく殺しあえるなにかを発明すればいい」と助言された。この「なにか」にかんするアイディアが、銃を発射したあと反動で肩が痛くなったとき、ふとマキシムの頭に浮かんだ。反動

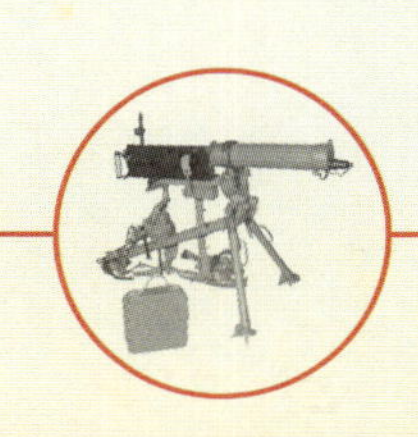

の力を有効に利用すればいいと考えたマキシムは、1883年から1884年にかけて、反動力を利用して尾栓を開き、空の薬莢を排出し、新しい実包を装填する完全自動銃を考えだした。この新型の銃は1分間に600発以上発射できたため、銃身が当然のごとく高温になったので、マキシムは油の入った（のちに水に変更された）冷却ジャケットをとりつけた。実包は帆布製の弾薬帯によって給弾された。

この新しい装置は見る人を驚かせ、予言どおりに、ヨーロッパ諸国に次々とり入れられた。マキシムがもともと自分を売りこむのがうまかったのも役に立った。彼はその後イギリスに移り住んでイギリス市民となり、王族とのコネをつくり、1901年には順当にナイトの爵位を授けられた。マキシム機関銃は、1889年にイギリス陸軍、1892年にイギリス海軍、1899年にはドイツ軍、さらにロシア軍にも採用された。

この新兵器の破壊的な影響は、カムチャッカ半島からスーダンにいたるまでさまざまな紛争に現れていた。イギリス軍はこれを、ガンビア（1887年）、マタベレ戦争（1893-1894年）、北西辺境州のチトラール遠征（1895年）、スーダン、オムドゥルマンでのマフディー派の反乱の鎮圧（1898年）をはじめとする植民地戦争にもちいた。第2次ボーア戦争（1899-1902年）では、両陣営ともにマキシム機関銃を保有し、イギリス軍の形勢はおもわしくなかった。風刺家のヒレア・ベロックは自身の詩『現代の旅行者（Modern Traveller）』のなかで、植民地計画にとってこの銃がいかに重要だったか、次のように表現している。「なにが起ころうと、われわれにはマキシム機関銃があるが、連中にはない」

機械戦争

第1次世界大戦がはじまると、英独軍ともにマキシム機関銃の派生型で武装していた。イギリスでは、マキシムがみずからの設計にみがきをかけ、戦場でも整備しやすいようより単純化したほか、武器製造業者ヴィッカース社と提携した。1912年、イギリス陸軍はヴィッカース・マキシム重機関銃を採用した。発射速度は毎分500発と比較的低く、重量は37.7キロで、三脚架にのせられたこの機関銃は、その価値を第1次大戦で証明することになっていた。たとえば1916年8月のソンムの戦いでは、第100機関銃中隊のヴィッカース重機関銃10挺が、12時間とぎれなく発射され、ほぼ100万発の弾丸が1800メートル離れた特定の地域に撃ちこまれ、合計100本の銃身が使いはたされた。その際、故障した機関銃は1挺もなかった。

このときにはイギリス軍はすでに、マキシム機関銃のドイツ版LMG08/15によってそれをはるかに上まわる損害を受けていた。LMG08/15は、ドイツ帝国造兵廠のひとつの名をとってシュパンダウ機関銃ともよばれている。ドイツ軍部隊はこの武器で十分に装備され、1個大隊につき機関銃6挺を有していた。フランス軍はそれとは対照的に、1個大隊につきわずか2挺だった。同軍の司令官は依然として、時代遅れになった19世紀なかごろの戦術「情け容赦のない極限の攻撃」にこだわっていた。しかし情け容赦のない戦争の新しい現実とは、機関銃に象徴される戦争のことだった。ウィンストン・チャーチルは新時代をこう特徴づけている。「残酷で壮大だった戦争は、いまや残酷で下品なものになった」

マキシム機関銃の解剖

1904年型マキシム機関銃は、銃自体は約150個の部品からなり、さらに水冷ジャケットにとりつけられた蒸気復水装置に数十個、三脚架にも80個を超える部品がそれぞれ使われていた。

[A] 機関部（レシーバー）
[B] 波形水冷ジャケット
[C] 三脚架
[D] 銃身
[E] 照準用握把（あくは）

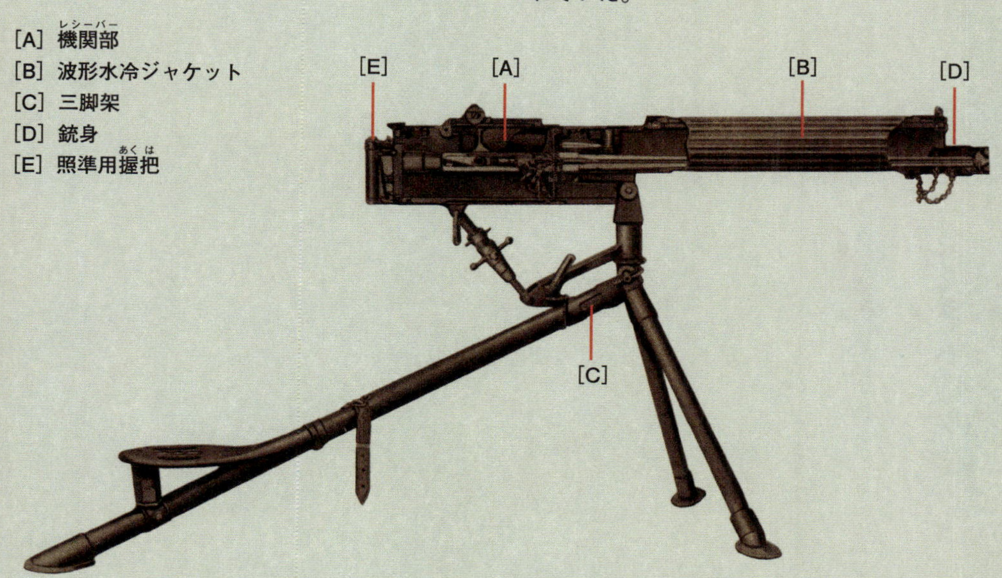

キー・トピック
水冷ジャケット

速射は銃身を過熱し変形・破裂させるため、マキシム機関銃は水冷ジャケットをとりつけ、銃身のまわりに水を送りこんで冷却するようになっていた。ジャケット内の水は復水器を通って冷やされるが、それでも約750発発射するごとに交換する必要があった。

「機関銃兵はせいぜい機械係のようなもので、その主要な任務は弾薬帯を給弾口に入れることだった(…)」

ジョン・キーガン『戦闘の相貌（The Face of Battle)』（2004年）

28

発明者：

王立小火器工廠

短弾倉式リー・エンフィールド小銃

タイプ：
小火器

社会的
政治的
戦術的
技術的

1903年

短弾倉式リー・エンフィールド小銃、別名SMLE、または「スメリー」は、もっとも広く製造され、そしておそらくもっとも長命な20世紀のボルトアクションライフルのひとつだった。この銃はふたつの世界大戦において、イギリス軍とその連邦加盟国軍の主力歩兵武器として役割をはたし、その発射速度と頑丈さにより、数あるなかで最高のボルトアクションライフルと広くみなされるようになった。

弾倉

針打ち銃とシャスポー銃は単発銃で、弾丸をそのつど1発ずつ装填しなければならなかった。それまで以上に速射が可能な小銃開発における次の一歩は弾倉の導入で、これは複数の弾丸を収容できるため、装填が大幅にスピードアップした。最初の弾倉式小銃のひとつは、1868年にスイス陸軍で採用されたヴェッテルリで、銃身の下に筒型弾倉がとりつけられていた。同様の弾倉は1884年、ドイツの銃工ペーター・パウエル・モーゼルが8発用筒型弾倉として採用した。フランス陸軍で1940年まで使用されたルベルM1886もまた、筒型弾倉を装備していた。

しかし筒型弾倉は満足のいくものではなかった。全弾を装填すると、前部が重くなってライフルのバランスがくずれたほか、弾丸の先端がその前の弾丸の基部（雷管が収容されている）に向けて装填されるため、危険だった。1885年にオーストリアの銃工フェルディナント・マンリヒャーが導入した弾倉は、5発の弾丸を垂直に積み重ねた挿弾子（クリップ）を装填した。だが1893年、モーゼルは、この挿弾子の使用をやめた。マンリヒャー型の挿弾子は、5発の弾丸すべてを撃ちおわると新しいものに交換する必要があったが、モーゼルのライフルは、指で挿弾子を押しこむと弾丸がはずれて装填されるようになっていた。そのため戦闘のさなかには、弾丸を追加装弾することが可能だった。

1888年、イギリス陸軍は弾倉式リー・メトフォード・ボルトアクションライフルを、標準小銃として採用した。弾倉とボルトアクション機構は、アメリカに帰化したカナダ人ジェームズ・パリス・リーが設計し、施条銃身はウィリアム・メトフォードが製作した。しかしメトフォード施条は黒色火薬の装薬用に設計されたもので、より高温で燃えるノーベルの新しい無煙火薬のイギリス版、コルダイトを採用するには、ロンドン、エンフィールドにある王立小火器工廠があらたにより深い施条を考案しなければならなかった。こうしてリー・エンフィールドMk1が誕生し、1895年に導入された。

1挺のスメリーがすべてのスメリーのために

この小銃は、ボーア戦争（1899–1902年）でのイギリス軍の戦訓からSMLEに進化することになる。その戦訓とは、カービン（騎兵や砲兵が用いた短く軽量な小銃）の役割をはたせる短い小銃、それも誰もが使える「フリーサイズ」の型が必要だということだった。これにより、製造と部品にかんする兵站が簡素化されることになる。こうして1903年、正

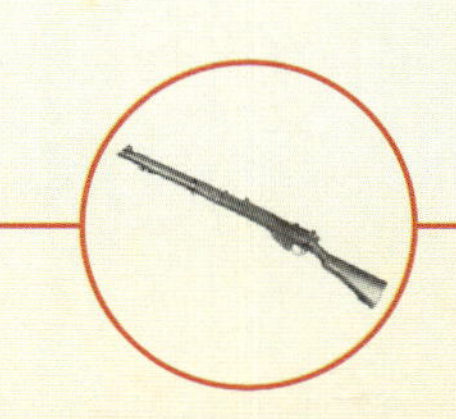

「(…) 使用条件下で、一貫して申し分のない命中精度の水準」

『イギリス軍小火器教本（British Textbook of Small Arms）』、「SMLE」、1929年

ソンムの戦いで、塹壕に身を隠し、「スメリー」に銃剣をとりつけ戦闘にそなえるイギリス兵。

確には「Mark I、リー・エンフィールド、弾倉つき、短縮型、.303インチ口径小銃」として知られるSMLEが登場した。読点から、短いのは弾倉ではなく小銃そのものであることがわかる――リー・メトフォードが1257ミリだったのに対し、SMLEは1132ミリだった。1907年、Mark III SMLEが導入され、この型は第1次世界大戦で使用された。

専門家は小銃とカービンのかけあわせを痛烈に批判し、大失敗するだろうと予想したが、実際には、SMLEは軍事工学の偉大な功績のひとつとなった。きわめて重要なことに、SMLEは競合するどの銃よりも速射性が高かった。これは速射と命中精度を同時に実現するという、イギリス軍の新たな方針に合致していた。ボーア戦争で射撃技術の重要性が身にしみたイギリス軍は、歩兵向けの訓練プログラムを策定し、年1回の武器試験を実施した。その試験では、兵士はその場で最大549メートルの距離から着実な速射を実演してみせなければならなかった。試験には「狂気の1分（マッド・ミニット）」がふくまれ、兵士は274メートル離れたところから目標に15発発射するよう命じられたが、たいていの兵士は全弾を目標の周囲0.6メートル以内に命中させることができた。1930年代には、イギリス軍小火器教練隊の教官が1分間に37発という記録を打ちたてた。こうした努力の成果が、1914年8月のモンスの戦いに現れた。ドイツ軍部隊がイギリス海外派遣軍の職業軍人と対峙した際、SMLEから浴びせられた射撃があまりにも速かったため、ドイツ軍指揮官フォン・クルック将軍は、機関銃で攻撃されていると考えたほどだった。イギリス軍野砲兵隊第15旅団第80大隊のR・A・マクラウド中尉はこう回想する。

わが軍の歩兵はすばらしかった――携帯シャベルで地面をひっかいた程度の不十分な遮蔽物だけで、最後まで耐えぬき、みごとな速射で応酬した。ドイツ軍歩兵は前進しながら腰だめで撃っていたが、その射撃はじつに不正確だった。

じつは、近代的小銃による大量射撃は早くも1870年には利用可能で、このときプロイセン軍は、シャスポー銃で武装したフランス軍部隊に正面攻撃をかけ、殲滅させられている。速射は防衛側に決定的優位をあたえ、正面攻撃はいまや自殺行為となり、縦列や方陣とい

った伝統的な戦術はすべて時代遅れになった。小規模部隊が掩護射撃を受けながらすばやく前進する、機動的な小戦闘が、当時の新たな隊形だった。プロイセン軍が普仏戦争で得た戦訓は、すぐに多くの軍隊から忘れ去られ（なかでもとくにイギリス軍）、第１次世界大戦の大量殺戮後にようやく思いだされることになった。

兵士にとって安全な小銃

SMLEの成功はおもに、リーが設計したふたつの部品のおかげだった。銃弾10発を収容する弾倉は競合する小銃よりも大型で、いっぽう槓桿（ボルトハンドル）はほかのものよりかなり短かった。またSMLEは閉鎖機構がボルト後部にあり、前部にあるものよりボルトの動きがはるかに少なくすんだ。このことと、スムーズな内部機構とがあいまって、ボルト操作が迅速かつ容易になっていた。SMLEのほかの特徴には、銃口まで延びるクルミ材の前床、セミピストルグリップをそなえた独特の輪郭を描く銃床、工具や清掃用具を入れるトラップドアのついた鋼鉄製床尾板などがあった。頑丈で比較的シンプルな設計から、塹壕戦の苛酷さや泥にもよく耐え、手に入るなかでもっとも「兵士にとって安全な」ボルトアクションライフルとみなされていた。

だが、この小銃にはいくつか欠陥があった。たとえば装填されるリムつき弾薬は、接近してくる兵士を阻止するにはうってつけだったが、ドイツやアメリカの標準弾より衝撃力でおとっていた。また、この小銃のボルトは互換性がなかった。全体としては、ドイツのモーゼル小銃のほうが性能的にも工学的にもまさっていると考えられていたが、SMLEの強みは、1980年代まで60年以上にわたり、前線武器として訓練と狙撃任務で使用されつづけたことにある。20世紀にはすくなくとも500万挺のSMLEが、遠くはインド、オーストラリア、アメリカの工場で生産された。「スメリー」は第１次世界大戦開始時にドイツ軍の進撃を阻止し、第２次世界大戦と朝鮮戦争をとおして勇敢に任務をはたしつづけただけでなく、1980年代にはアフガン人がソ連軍を打ち破るのを助け、現在も南アジアで就役している。

1985年、SMLEをもつアフガン兵士が、リー・エンフィールドの長命さを物語っている。

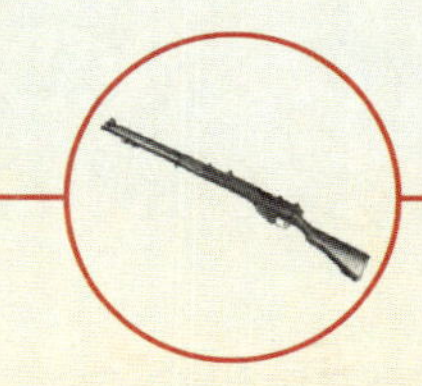

発明者：

アイザック・ニュートン・ルイス

ルイス軽機関銃

タイプ：
軽機関銃

社会的
政治的
戦術的
技術的

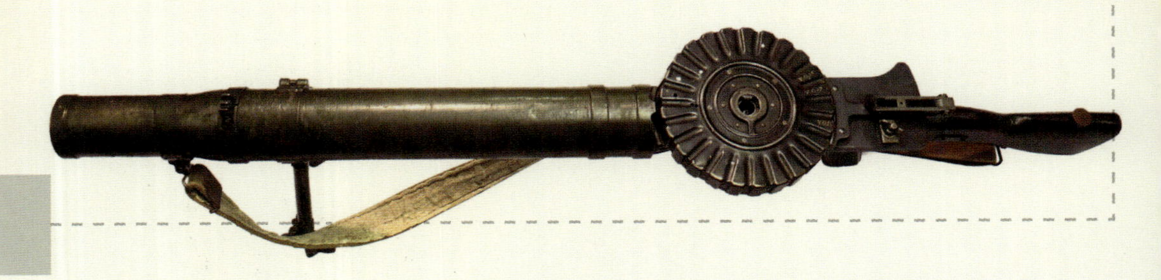

「ルイス機関銃は潜水艦に似ている。この銃が最高の仕事をするのは、思いもよらない時間と場所に姿を現し、たちどころに猛烈な一撃を放つときである」

某教官による『完璧なルイス機関銃手（The Complete Lewis Gunner）』、1941年

1911年

マキシム式重機関銃は第1次世界大戦の戦場を悪夢のような膠着状態に変えていたが、このような銃は戦術的に利用されるにとどまっていた。この機関銃はきわめて重く、三脚架や、配置のための十分なスペース、それに操作するのに数名のチームを必要とした。すばやく戦場のいたるところに移動させることはできなかったため、部隊の機動性と即応性は制限された。そのため軽量な機関銃が求められていた。そしてこの役割はルイス機関銃によってはたされ、その独特な形は第1次世界大戦を象徴するものになった。

I・N・ルイス

ガスの力

マキシムの自動機関銃の動力源である反動だけが、銃の動力というわけではなかった。ひとつの選択肢は、発射薬の高速燃焼によって生みだされる高温ガスの圧力を利用することだった。ガス利用式小火器は、アメリカの偉大な銃工ジョン・M・ブローニングによってはじめて開発された。ブローニングはこの技術を1889年に考案し、この技術を1895年にコルトが完成させ、コルト・ブローニング機関銃（142ページ参照）を製作した。これは空冷式で、マキシム機関銃の水冷ジャケットより軽量だった。同年にはベンジャミン・B・ホッチキスが、オーストリア軍大尉アドルフ・オドコレク・フォン・アウゲザ男爵が発明したガス利用式の設計を完成させた。この方式では、燃焼ガスが銃身内のガス孔に吹きこんでピストンを押し、それにつながるボルトを後退させ、空の薬莢を排出するしくみになっていた。ピストンは同時にばねを圧縮し、それがもとにもどるときにボルトが閉鎖され、新しい弾丸が装填された。同様の方式がルイス軽機関銃で使用されることになり、さらにホッチキス式機関銃と同じように空冷式が採用された。

1911年、サミュエル・マクレーン博士による初期の設計にもとづいて、アイザック・ニュートン・ルイス大佐は空冷ガス圧式軽機関銃をつくった。重さはわずか11.8キロで、特徴的なおおいでおおわれた銃身は銃口に向かってやや細くなっており、同様に特徴的な円形の皿型弾倉（パンマガジン）（当初は47発用）が上部に搭載されていた。アメリカ陸軍には購入してもらえなかったため、ルイスは1913年、将校を辞職し、マキシムがすでに証明していたように、「新しい殺しあい方」を渇望していたヨーロッパに向けて出帆した。ルイス軽機関銃は、高まりつつある戦争の脅威にそなえていたベルギー軍とイギリス軍の双方が意欲的に購入した。

無限に続く自動的動作

ルイス軽機関銃ではホッチキス式機関銃と同様に、燃焼ガスを利用してピストン棒を、それにとりつけたボルトもろとも押し返した。ピストン棒の下側には、ラックとかみあう歯がついており、これによりピストンがばねを圧縮し、張力がたくわえられるようになっていた。教範『完璧なルイス機関銃手』にはこのようにある。「この張力が今度はピストン棒とボルトを前に押しだす。ガス圧と戻りのば

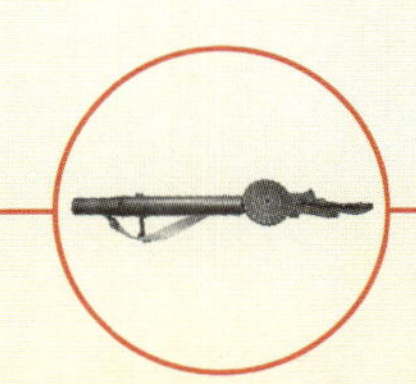

第1次世界大戦末期、敵機をルイス機関銃で狙い撃ちするオーストラリア兵。

ねが、ピストンとボルトを前後に動かしつづける——こうして自動的動作が無限に続くのである」。この銃は、銃身から吹きだす発射ガスを利用して冷却される。発射ガスは、冷却器のおおいから空気が排出されるように送りこまれ、それにより部分真空がつくりだされ、後方の通気孔から冷たい空気が引きこまれて、前方から排出された熱風にとって代わる。この冷気は、銃身をおおう17枚のアルミニウム製縦型フィンを端から端まで自由に循環する。

とくに安価というわけではなかったが、製造には時間がかからなかった。ヴィッカース・マキシム機関銃を1挺製造するのに要する時間で、ルイス機関銃を6挺つくることができた。この頑丈で、シンプルで、なにより機動的な銃は、重機関銃の専制が強いた膠着状態を破るための、より機動的な新しい戦闘方法の登場を約束していた。「ルイス機関銃は、攻撃においても野戦においても絶大な効果を発揮できる」と、1941年にルイス機関銃教範を著した「教官」は書いている。

ベルギー軍のガラガラヘビ

1916年までに、5万挺を超えるルイス機関銃が製造された。1917年には、イギリス陸軍では歩兵分隊ごとに1挺、1個大隊につき46挺が支給されたが、その独特の音からベルギー軍にちなみ「ベルギー軍のガラガラヘビ」というドイツ語の愛称がつけられた。その軽量さから、この機関銃はほかの部門でも採用された。ルイス機関銃は側車つき二輪車やイギリス海軍の船に搭載されたほか、飛行機から発射された最初の機関銃でもあり、機上偵察員のためのリアマウントガンとして人気を集めた。飛行機に搭載する際には、冷却ジャケットと冷却フィンをとりはずし、さらに軽量にした。

第1次世界大戦終結までに、97発用弾倉がルイス機関銃の火力を増大させ、この銃は各国で広く使用された。第2次世界大戦が勃発したときも、ルイス機関銃の多くはまだ使用可能で、イギリスではドイツによる侵攻にそなえて国防市民軍に支給された。

ルイス機関銃の解剖

[A] 冷却筒
[B] 銃身
[C] ドラム弾倉
[D] 照門（リアサイト）
[E] 機関部（レシーバー）

1941年の教範『完璧なルイス機関銃手』では、この銃の多くの長所がくわしく述べられており、それには次のようなものがある。「機動性（…）ひとりで簡単に操作できる（…）みごとな簡素さ。わずか62個の部品からなる（…）冷却方式は非常にシンプルで、世話も水も必要ない。十分に保護され、とても頑丈で、移動中に損傷を受けにくい。この銃はどんな姿勢でも『装填』でき、『はね返り』すなわち反動などもほとんどなく、取り扱いが簡単である」

キー・トピック
ドラム弾倉

冷却筒とともに、ルイス機関銃の目立つ特徴になっているのが、通常とりつけられるドラム弾倉である。これは多くの弾倉とちがって弾薬装填をばねによらず、銃のオートマティック機構をうまく利用して行なうため、信頼性が非常に高かった。

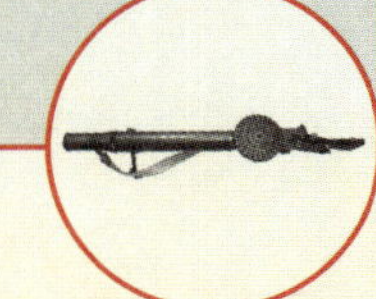

30

発明者：

中国人

手榴弾

タイプ：
爆発装置

社会的
政治的
戦術的
技術的

1913年

手榴弾（擲弾）は最初期の火薬装置のひとつだったが、中世から近代にかけてしだいに重要性が低下していった。20世紀はじめに塹壕戦が出現すると、この比較的ローテクな武器の運は一転し、歩兵の装備でもっとも重要な武器のひとつ、すなわち「一兵卒」が利用できる携帯型投擲武器となった。

10世紀の仏教写本にある、手榴弾の最初期の描写。

パンチの効いたザクロ

中世中国の最初の火薬武器のいくつかは、本質的に手榴弾で、竹の節に黒色火薬をつめたものだった。宋王朝（紀元960-1279年）の時代にはじめて、本格的な手榴弾が登場した。紀元1044年の兵書『武経総要』（最重要軍事技術をまとめたもの）には、火薬をつめた粘土や鉄の球の爆弾が挿絵とともに解説されており、それらを導火線に点火して放り投げると、衝撃で爆発して破片が飛散した。なかには、さらに木炭やくず鉄が追加されているものもあった。

手榴弾技術はほかの火薬武器とともに、イスラム世界を経由してヨーロッパへと伝播した。手榴弾は攻囲戦において重要かつ有益な武器で、おもに土木工兵に使用された。土木工兵とは、攻囲に不可欠な坑道や塹壕を掘る工兵のことをいう。手榴弾は防壁ごしに投げ入れ、とくに狭い空間にいる防衛者をかたづけるのに使われた。このころ、この装置は中期フランス語に起源をもつスペイン語から「granada」（「ザクロ（の実）」）と名づけられた。この名称は、球形の爆弾に種子に似た粒状火薬をつめたものや、1620年の冶金術書『火工術（La Pyrotechnie）』の挿絵に描かれているような、火薬をつめたマスケット弾に由来している。

初期の手榴弾は重さが0.68～1.36キロで、使う側にとってはきわめて危険なものだった。というのは、立ったまま手榴弾に点火・投擲しなければならなかったので、偶発的爆発や敵の砲火にさらされる危険があったからだ。このため、戦場で手榴弾を投げるのは、もっとも屈強で背が高く（当然もっとも手足が長い）、もっともむこうみずな兵士の仕事であり、その結果、手榴弾兵（擲弾兵）は歩兵の精鋭だった。この地位は17世紀末までに正式なものになった。フランスを例にとれば、1667年には各中隊に擲弾兵４名だったのが、その４年後には、各大隊が１個擲弾兵中隊を有していた。ほかのヨーロッパ諸国もこれにならった。擲弾兵は、ほとんどの兵士がかぶるつば広帽とは異なる、上手投げの邪魔にならないつばなし帽で区別された。フリードリヒ大王、のちにナポレオンの時代には、擲弾兵は軍隊内で精鋭師団となっていたが、このころには実際の擲弾は使われなくなっており、擲弾兵はたんに体格的にすぐれた印象的な兵士であり、荒々しい口ひげをはやすよう奨励された。

身長を実際より大きく見せるため、つばなし帽は特徴的な司教帽風の山高帽になり、のちにはベアスキン（熊の毛皮帽）が、グレナディアガーズによってイギリス陸軍に導入された。第２次世界大戦では、ドイツ軍のパンツァーグレナディア（装甲擲弾兵）が、戦車部隊に所属する精鋭部隊だった。

衰退と隆盛

攻囲戦の重要性が低下するにつれ、手榴弾もまた重要ではなくなっていったが、新たな型が登場した。たとえば南北戦争で使用されたケチューム手榴弾は楕円形で、上部に着発信管と安定翼がとりつけられていた。第１次世界大戦のじつに多くの主題が暗示されていた、1904年から1905年の日露戦争では、手榴弾が重視された。第１次大戦がまさにひとつの巨大な攻囲へと硬直化すると、擲弾はふたたび主役に躍りでた。当初、前線の兵士は手榴弾を即席でつくり、導火線（マッチで点火）をとりつけた高性能爆薬を、破片効果を出すための針金で木の柄に巻きつけていた。イギリス軍は1915年にささやかな技術的進歩をなしとげ、ジャム缶手榴弾を考案した。これはブリキ缶に綿火薬と金属のくずや石をつめたものである。

兵士が即席で手榴弾をつくらざるをえなかったのは、軍上層部が適切な量の手榴弾を供給しそこなったからだった。戦争が勃発したとき、イギリス軍が利用できる手榴弾は１種類しかなかった。それは高価なマークⅠ手榴弾で、イギリス陸軍工兵隊がごくかぎられた数を保有しているだけだった。フランス軍も同様に装備が不十分だったが、ドイツ軍はそれでもまだましで、約17万個を保有していた。それはおもに着発信管式の「円盤」爆弾と、M1913クーゲル手榴弾だった。1914年後半、イギリス海外派遣軍司令官ジョン・フレンチは、自軍の手榴弾需要は週4000個と見積もっていた。11月の供給数はばかげた数の週70個だったが、それが12月には2500個に増加した。しかし１月はじめまでに需要は週１万個にはねあがっており、あらたに動員された大量の兵士が訓練を終え出陣すると、１日あたり５万個に増加すると予測された。

塹壕戦という制限のなかでは、手榴弾は非常に役に立った。兵士ひとりひとりの手に火砲の打撃力をあたえ、塹壕や掩蔽壕を一掃することができたからである。

安定翼のない着発信管式ケチューム手榴弾。

「［手榴弾は］ひどい傷を負わせる。戦後、あれほどひどい傷を見ることはけっしてなかった」

イギリス陸軍工兵隊P・ニーム中尉、ヌーヴシャペルの戦いにて、1915年

(ほぼ) 致命的なフラスク

手榴弾は第1次世界大戦勃発に一役かっていた。ネデリュコ・チャブリノヴィッチは、1914年6月28日のフランツ・フェルディナント大公暗殺に関与した男たちのひとりだった。オーストリア皇太子を乗せた車が近づいたとき、チャブリノヴィッチはポケットからウィスキーの携帯用フラスクのようなものをとりだし、ふたをまわして開けると街頭柱に激しくたたきつけたといわれる。するとポンという音がして、チャブリノヴィッチはそれを大公に投げつけた。大公が腕でよけると、フラスクは地面にあたって爆発した。それはセルビアの手榴弾で、「ねじぶた」は雷管であり、固い表面にぶつけたことで作動したのだった。

「ヒトラーへのお届け物」。第2次大戦中、M2手榴弾の投擲訓練をするアメリカ軍歩兵。

パイナップルとポテトマッシャー

第1次世界大戦中、ふたつのもっとも典型的な手榴弾の形が開発された。パイナップル形は、イギリス軍のNo.36ミルズ爆弾で導入され、アメリカ軍のM2でも使われた。もうひとつはポテトマッシャー（ジャガイモつぶし器）形の柄付手榴弾で、これはドイツ軍のシュタイルハンドグラナーテ24の形がもとになっている。どれも基本的には、弾殻、装填薬（爆薬）、信管という構造になっていた。弾殻は多くの場合、破片効果をもたらす。パイナップル形手榴弾の特徴的な形は、爆発の際、金属製弾殻が破片効果をもたらすように深い溝をきざんだためである。No.36とM2はどちらにも、「スプーン」とよばれるレバーを押し下げておくリングつき安全ピンがついていた。これを引き抜くと、撃発ばねが雷管を強打し、信管に点火した。柄付手榴弾は、柄の端の金属キャップの裏側にある磁器製の握り玉を引くと、爆発する。通常は破片効果よりも爆風効果を生みだすため、TNT（トリニトロトルエン）炸薬がつめられていたが、金属筒をとりつけて破片効果を出すこともあった。

爆発半径は一般に最大投擲距離より大きくなるので、手榴弾は遮蔽物の背後から投げるか、もしくは時限信管を使って投擲後に遮蔽物に身を隠せるようにする必要がある。手榴弾をより遠くに投げる必要性から、スティック型小銃擲弾のような小銃から発射する装置が数多く開発された。この手榴弾には小銃の銃身内にぴったり合う棒がとりつけられており、特殊な空砲で発射されるが、反動が非常に大きいため、使用者は床尾を地面にあてて発射するよう指導された。

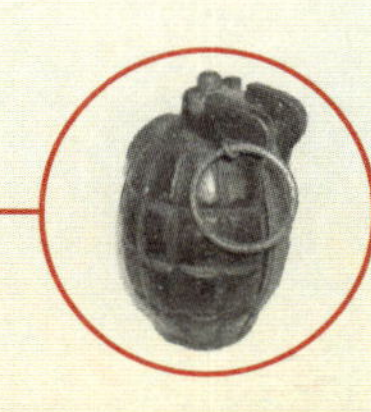

31

発明者：

古代ギリシア人？

毒ガス

社会的
政治的
戦術的
技術的

タイプ：
化学兵器

「潜望鏡の担当が別の兵士に代わった（…）射撃用踏み台に腰かけて、ライフルの手入れをしていると、その兵士がわたしに向かって叫んだ。

『緑色がかった黄色い雲みたいなやつが、前線から地表にそって、こっちに向かってくるぞ（…）』」

アーサー・エンペイ『中間地帯（No Man's Land）』、1917年

1915年

毒ガスは第1次世界大戦に永遠に結びつけられ、悪夢のような塹壕戦を象徴し、非人道的行為をさらに深化させた。軍事的にはおよぼした影響は限定的だが、その心理的・文化的影響は甚大で、長期にわたり続いた。

古代の硫黄

毒ガスの使用は古代にまでさかのぼる。紀元前430年ごろの第2次ペロポネソス戦争中、スパルタ軍は硫黄と木炭の混合物を燃やして有毒ガスを発生させたといわれる。のちに同じ戦争で、紀元前424年ごろのデリオン攻囲では、ボイオティア軍がふいごで硫黄ガスを吹き、原始的な火炎放射器にして、アテナイ軍に毒ガス攻撃をかけたと考えられている。ギリシアの歴史家トュキュディデスはそのようすを次のように述べている。「中空の木管の一端に巨大な大がまを固定し（…）大がまのなかに、彼らは木炭と硫黄を入れ、さらに木管のもう一方の端にはふいごをくくりつけた。（…）木炭と硫黄を（…）ふいごで吹くと激しく燃えあがった（…）」

紀元256年ごろ、現在のシリアにあった、「シリア砂漠のポンペイ」として知られたローマ軍の砦ドゥラ・エウロポスが、ササン朝ペルシアの攻撃を受け陥落した。考古学者のサイモン・ジェームズはこの遺跡で、ローマ人の遺骨の山の周辺に黄色い硫黄の結晶を発見した。そこで発掘記録を再調査してみたところ、ジェームズいわく「ある知られていない致命的な秘密」が明らかになった。「その地で非業の死をとげたローマ兵は、ロベール・デュ・メニル・デュ・ビュイッソン（最初の発掘者）が考えていたように斬殺や焼死ではなく、ササン朝の攻撃者に毒ガス攻撃を受けた」のだという。

中世中国では、紀元1044年の兵書『武経総要』に、毒をふくむガス爆弾の製法がのっている。手榴弾（124ページ参照）と同様に、この武器も攻囲戦において坑道や敵対坑道で使用されていた。

戦争ガスの王

近代においては、毒ガスを復活させるためのさまざまな努力がなされたが、第1次世界大戦までは毒ガスの使用は抑制されていた。たとえば1855年のセヴァストポリ攻囲では、イギリス海軍ダンドナルド司令官が、硫黄400トンとコークス2000トンを使ってロシア軍の砦に毒ガス攻撃をかける計画を立てたが、許可されなかったし、南北戦争（1861-1865年）では、ジョン・W・ダウティが塩素ガス使用を計画したものの、スタントン陸軍長官は認めようとしなかった。実際、有毒兵器は、1899年と1902年のハーグ陸戦条約で明確に禁止されていた。

ドイツ軍は西部戦線の膠着状態を打開する方法を模索し、最初にこの条約に違反した。偉大な化学者フリッツ・ハーバーは、ベルリ

引火性油が入った円筒形容器を射出するための投射器（本質的には迫撃砲）と、その考案者ウィリアム・H・リーヴェンス。これはのちに毒ガス容器用に採用された。

ン大学の化学の教授ヴァルター・ネルンストと協力して、兵器化された塩素ガスのための原料を用意し、さらにガスマスクを開発した。1916年、ハーバーは化学戦部門の長になり、この部門は1917年にマスタードガスを導入し、さらにほかの物質の実験も行なった。

最初の毒ガス攻撃は1915年４月22日、イープルで実施された。イギリス軍は情報機関からさしせまった危険を警告されていたにもかかわらず、それを軽視したため、この攻撃は連合軍の２個師団を破壊することに成功した。シリンダーが180トンの塩素ガスを前線の幅６キロにわたり散布し、毒ガスの雲がフランス国防義勇軍やアルジェリア軍部隊の頭上に広がり、恐慌と恐怖をひき起こした。しかしドイツ軍は攻撃が成功するとは思っていなかったため、それをいかすための予備軍を用意していなかった。

連合軍をぞっとさせたこの新たな脅威への対応は当初、水や尿、重炭酸ソーダに浸した綿で鼻や口をおおうことくらいだったが、その後ガスマスク技術が進歩した。５カ月後、イギリス軍はロスで同じガス攻撃で応酬した。第１次大戦で使用されたガスにはほかに、ジホスゲン、ホスゲン、クロロピクリン、シアン化水素酸（神経ガス）、それにマスタードガスがあり、このガスは皮膚や粘膜をただれさせた。

マスタードガスは「戦争ガスの王」として知られ、そのひどい影響（失明など）や残留性、衣服をとおす浸透力のせいでとりわけ嫌悪された。マスタードガスが最初に使われたのは、東部戦線だった。イギリス兵は1917年７月にはじめてこのガスにさらされ、１万5000人が中毒になり、うち450人が死亡した。

全部で約12万4000トンの毒物がこの戦争で使用され、全体の4.6パーセントにあたる130万の中毒者を出し、うち９万1000人が死亡した。化学兵器の使用が重大な影響をおよぼすことはきわめてまれだった。イープルでは、化学兵器の配備はかなりの衝撃をあたえたものの、ドイツ軍は予備軍を後方にそなえていなかった。だが、1917年のイタリアのカポレットでは、化学兵器とともに、利用できるほかのすべての策略を使って慎重に攻撃を調整したため、第１次世界大戦における西ヨーロッパ連合軍最大の敗北となった。ガス中毒者が比較的少数だったことから、化学戦への投資は制限され、化学砲弾は全砲弾のわずか4.5パーセント、また専門の化学部隊も全工兵のわずか2パーセントを占めるにとどまった。
　毒ガスはもっとも恐れられた武器のひとつだったが、ほかの武器にくらべ死者が少なく、とくにそこそこ使えるガスマスクが開発され、兵士が毒ガス攻撃への対処法を身につけていたこともあり、その評判が数字によって裏づけられることはなかった。アメリカ軍は毒ガス訓練が比較的不十分であったため、同軍の25万8000人の死傷者の4分の1以上が毒ガスによるものだったが、それでもほかの武器の死亡率が25パーセントだったのに対し、毒ガスの死亡率はわずか2パーセントだった。
　第2次世界大戦では、主力部隊が多量の化学物質を備蓄し、さらにドイツ軍の場合、サリンのような新たなより致命的な神経ガスを研究していた。しかし実際に戦闘で化学兵器を使用したのは日本軍だけで、中国でかぎられた量が使われた。第2次大戦後も、研究と備蓄は継続された。アメリカは朝鮮で化学物質を使用したと誤って非難されたが、ベトナムとカンボジアでオレンジ剤のような除草剤を使用し、おおいに物議をかもした。それ以降に化学兵器の使用が唯一確認された例はイラクで、サダム・フセインの軍隊がイラン軍、のちの1988年にはハラブジャの自国民に対し使用した。また日本では、カルトのオウム真理教が1994年から1995年にかけての一連のテロ攻撃でサリンを使用している。そしてごく最近では、シリア国軍が反政府軍に対し化学兵器を使用したことが一般に認められている。こうした兵器の使用防止と武装解除の促進にとり組んでいるのが、化学兵器禁止機関（OPCW）で、その努力が評価され、2013年にノーベル平和賞を受賞した。

1917年、防毒マスクをつけて配置につくオーストラリア兵。このころには、ガスマスクが毒ガス攻撃の影響を減らすうえできわめて効果的なものになっていた。

32

発明者：

アーネスト・スウィントン、
W・G・ウィルソンほか

Mk Ⅰ／Ⅳ戦車

タイプ：
装甲車

社会的
政治的
戦術的
技術的

1915年

戦車は履帯（無限軌道）で走行する装甲車で、歩兵が踏破できるほぼすべての地形を横断することが可能である。現代の戦車は、1915年後半にイギリス、リンカンの工場周辺で材木を切りだしていた奇妙な機械にその系統をたどることができる。

アーネスト・スウィントン

現代の攻城兵器

戦車――オフロードでの機動が可能な装甲砲床――の背後にあるアイディアの多くは、1915年以前からかなりの期間にわたって存在していた。1485年には、レオナルド・ダ・ヴィンチがミラノ公に装甲戦争機械を提案している。この機械は、ぎっしりと全方向に向けて大砲を搭載した円形基部に、円錐形の傘のようなおおいをかぶせたもので、砲床の中央にあるクランクを手動でまわして車輪を回転させ移動するようになっていた。1898年には、F・R・シムズがマキシム機関銃をオートバイに搭載し、移動式砲床を考案した。連結された履板――戦車に不整地を走破させる決め手――は、1801年にトマス・ジャーマンが発明した。そして早くも1904年には、砲塔をそなえた装甲車が、フランスのシャロン・ヒラルドト・エ・フォウクト社によりロシア軍のために製作された。

1914年９月、イギリス軍のアーネスト・スウィントン中佐の頭のなかでこれらの要素がひとつにまとまった。視察官としてフランスに派遣されたスウィントンは、戦争が攻囲戦におちいっていること、したがって必要なのは現代版の攻城兵器であることをただちに理解した。10月、スウィントンは戦線後方で、米ホルト社の無軌道式トラクターが火砲を移動させているのを目にし、機関銃がもたらした課題に対する答えとして、トラクターに装甲と砲を装備するという案を思いついた。スウィントンと話しあった結果、帝国国防委員会のモーリス・ハンキーは12月、「無限軌道（キャタピラ）式の駆動装置をそなえ（…）車体重量によって有刺鉄線を引き倒し、匍匐（ほふく）前進でしたがう兵士の遮蔽物となり、機銃掃射で前進を支援する」機械を提案する文書を作成した。

戦車の着想のひとつとなった、ホルト社の半装軌式「キャタピラ」トラクター。

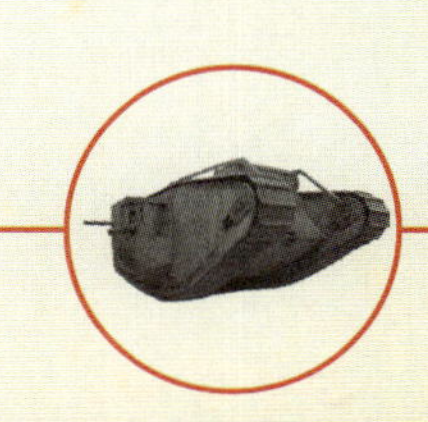

「そんなものは誰もほしがらない」

スウィントンの提案は、ときの海軍大臣ウィンストン・チャーチルの熱烈な支持を得たが、1915年2月、陸軍省はこの案を却下した。キッチナー卿はこう主張した。「装甲無限軌道車など集中射撃されておしまいだろう」。しかしH・G・ウェルズの1903年の短編『陸の甲鉄艦』に触発されたチャーチルは、第4海軍卿が「キャタピラつき陸上軍艦など、ばかげているうえ役にも立たない。そんなものは誰も求めていないし、ほしがりもしない」とがなるのを無視して、提案を海軍の後援のもと復活させ、計画をおしすすめた。「リトルウィリー」という愛称がつけられた最初の試作車は、重量が31トンで、海軍の6ポンド砲2門と機関銃4挺を装備し、105馬力のダイムラー製エンジンを搭載したが、最高速度はわずか時速5.9キロだった。リンカンのフォスター社が製作したリトルウィリーは、キャタピラつき車台に装甲の箱をとりつけたもので、計画を秘匿するため、スウィントンによって「水槽（タンク）」と命名された。

リトルウィリーは走行試験で履帯を「放りだし」つづけ（つまり、履帯が転輪からはずれてばかりで）、問題のあることが判明したが、次の試作車ビッグウィリーがすでに開発中だった。ビッグウィリーはほかに、「ウィルソン」（設計者のW・G・ウィルソン少佐にちなんで）

走行試験中のリトルウィリー。後方の操「舵」装置に注目。

「奇妙なブルブルとうなる音が聞こえ、ガタガタと音をたててこちらにゆっくりと向かってきたのは、それまで見たこともない3匹の巨大な機械仕掛けの怪物だった」

通信将校バート・チェイニー、1916年9月のソンムの戦いにて

「マザー」「ムカデ」ともよばれたが、のちにこれがMk I戦車となった。Mk I戦車は菱形で、履帯が車体をぐるりととり巻いていた。前方部に角度をつけた車体は障害物をのりこえるのに役立ち、さらにこの設計だと履帯がはずれにくかった。1916年1月から2月にかけて、ビッグウィリーはイギリス王ジョージ5世をふくむ視察者を感心させ、陸軍省は100両の建造を依頼し、のちにこの数を150両に増やし、「国王陛下の陸上軍艦、戦車Mk I」という制式名称をあたえた。

Mk Iの実験的な初陣は1916年9月、ソンムの戦いの第3局面で実施された。そのようすを目撃した19歳の通信将校バート・チェイニーは、Mk Iのなみはずれた外観をこう描写している。

(…)ガタガタと音をたててこちらにゆっくりと向かってきたのは、(…) 3匹の巨大な機械仕掛けの怪物だった。それは金属でできた巨大な生き物で、2組のキャタピラを体にぐるりと巻きつけていた。両側が大きく張りだしていて、その部分にはドアがあり、回転台にすえつけられた機関銃が両側からつきでていた。

最初の配備はうまくいかなかった。戦車の大半が架橋できない弾孔に落ちるか、エンジンの故障にみまわれたが、ドイツ戦線になんとか到達できたものは敵の度肝を抜いた。チェイニーはそのようすをこう報告している。「ドイツ兵は肝をつぶし、おびえたウサギみたいに大あわてで逃げだした」。1両の戦車がフレールの村まで到達し、「破壊すべきだと思ったものはすべて破壊し、壁を押し倒し、楽しむように(…)ドイツ兵を追いかけ、責めたて、

手榴弾よけと操舵装置をそなえた、1916年のMk I戦車の「雄(破壊者)」型。

何千人もの捕虜を集めて、わが軍の戦線に送り返した」。この出来事を報じた新聞記事にはこうある。「戦車はイギリス陸軍の応援を背に受けて、目抜き通りを進んでいった」

この機械仕掛けの怪物は、乗員にとっては酷だった。むきだしのエンジンから熱と有毒ガスが狭い車内に放出され、さらに乗員は投げだされて重傷を負う危険があったほか、手信号かコツコツ車体をたたくことくらいしか通信手段がなかった。それにもかかわらず、乗員は40時間交替で働かされることもあった。こんな地獄のような環境で任務をはたす兵士のちょっとしたようすを、チェイニーが次のように描写している。

4人の乗員は立ち往生した戦車から降りると、戦いのさなか、背伸びをしたり頭をかいたりしたあと、ゆっくりと念入りにあらゆる角度から点検しながら乗り物のまわりを歩き、打ちあわせをしているらしかった。そして数分間やや途方にくれたようすで突っ立っていたが、おもむろに戦車のなかから携帯用石油ストーブをとりだすと、戦車の側面を遮蔽物にして敵の銃火を避けつつ、

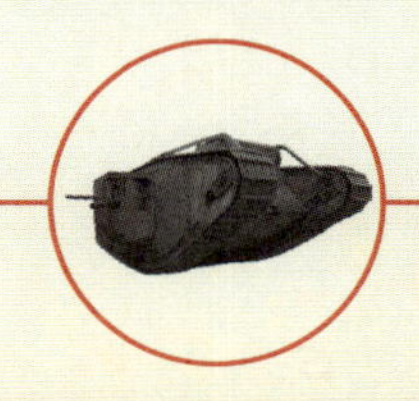

地面に座り、お茶を入れた。

「壮大な眺め」

初陣は不向きな地形のためにほとんどうまくいかなかったが、準備砲撃の援護もあって、イギリス軍のヘイグ最高司令官は十分に感銘を受け、さらに1000両の戦車を早急に建造するよう命じた。この戦車がMk Iの発展型、Mk Ⅳとなった（Mk ⅡとⅢは開発の段階でボツになった）。Mk Ⅳは、ステアリング、推進力、搭載武器に若干の改良がくわえられた。またMk Iと同様に、「雄」（「戦車砲を搭載した「破壊者（デストロイヤー）」）と「雌」（機関銃のみを搭載して「雄」を掩護する「殺し屋（マン・キラー）」）のふたつの型が建造された。

戦車の本格的な初陣は、1917年11月20日のカンブレーだった。約380両の戦闘戦車が砲1000門を装備して攻撃に参加し、その一部は塹壕に橋をかけるためのしばの束をそなえていた。通常の準備砲撃をはぶいたことから完全な奇襲となり、攻撃は大成功をおさめ、前線を深さ6.4キロにわたり突破し、主要な塹壕網をすべて蹂躙した。「F」大隊のD・G・ブラウン大尉はこの戦闘を次のように説明している。「（…）『B』大隊の戦車が（…）ウェールズリッジを駆け下りるのが（…）よく見わたせた。まさに戦争というべき壮大な眺めであった（…）すべての戦車が鉄条網を苦もなくのりこえていた（…）」。しかし攻撃は、179両の戦車が動かなくなり、ほかの戦車の乗員も疲労困憊して失速した。予備軍の努力が不十分であったため、ドイツ軍はそのすきに新たな防御陣地を大急ぎで構築した。

第１次世界大戦終結を記念してロンドン市内をパレードするイギリス軍戦車。

連合軍最高司令部は戦車による成功を評価せず、この戦争でふたたび戦車をこのようなみごとな配置で使用することはなかった。対するドイツ軍はさらに輪をかけてこの装置の潜在能力を理解せず、1918年になってようやく本格的に戦車を建造しはじめた。戦争の終わりまでに、実戦投入されたドイツ軍戦車はわずか45両だったのに対し、イギリス軍は3000両を生産していた。

戦車は戦争の勝因にこそならなかったが、1918年８月８日、450両の戦車（大半がMk Vで、フランス軍戦車を一部ふくむ）で武装したイギリス第４軍がアミアンを突破する際、決め手となる一撃を放ち、敵側に２万8000人にのぼる死者と捕虜を出すとともに、銃400挺を鹵獲（ろかく）するのに貢献した。エーリヒ・ルーデンドルフ将軍はこの日を「戦史におけるドイツ陸軍の暗黒の日」とよんだ。

Mk Ⅰ/Ⅳ戦車の解剖

[A] 菱形
[B] スポンソン（側面砲塔）
[C] ６ポンド砲
[D] 操縦手室
[E] 履帯

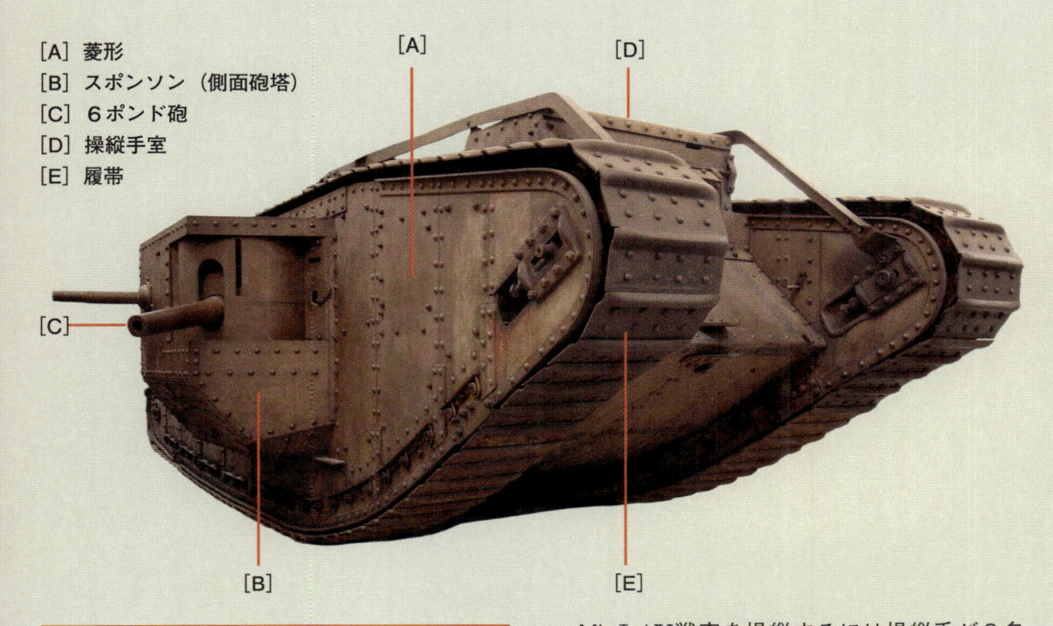

キー・トピック
履帯

履帯は戦車に、装輪車が通るのを恐れる場所を走行する能力をあたえた。履帯が車体周囲をとり巻くMkⅠの菱形設計は、「履帯の接地面積」がなんと直径18メートルの車輪に匹敵した。MkⅡは履板を６枚につき１枚、幅を広くすることで、やわらかい地面を走行しやすくし、いっぽうMkⅣでは、履板を３枚または５枚ごと、あるいは９枚ごとに鋼鉄製ボルトで留めて静止摩擦を高めていた。

MkⅠ/Ⅳ戦車を操縦するには操縦手が２名必要だった。操縦席は戦車前部、エンジン前方にあり、前方視察窓と、頭上に脱出用ハッチがそなえられていた。後継型になってようやくエンジンが乗員から分離されたが、それまでは、乗員はものすごい騒音とガスと熱にさらされていた。エンジンから生みだされた動力は、変速機を経由して車体の両側に搭載された遊星歯車に伝達され、ここからチェーン駆動、さらには駆動スプロケットを動かす減速ギアへと送られる。スプロケットの外周の歯が履帯の穴にかみあうことで、履帯は駆動する。エンジン後方には、６ポンド砲用砲弾を収納する棚があった。

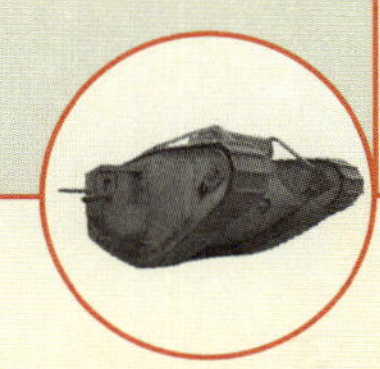

33

発明者：

ジョン・T・トンプソン

トンプソン短機関銃

タイプ：

短機関銃

社会的

政治的

戦術的

技術的

1918年

史上もっとも伝説的な小火器のひとつ、トンプソンは、短機関銃（サブマシンガン）（当初は、ドイツ軍では機関拳銃（マシンピストル）、イギリス軍では機関騎銃（マシンカービン）とよばれた）という まったく新しい銃種の到来を告げた。最初のものでも最高のものでもなかったが、これはまちがいなくきわめて重要な短機関銃であり、平時も戦時もひっぱりだこの武器になった。

伝説的なトンプソン短機関銃をもつジョン・トンプソン。

塹壕ほうき

最初の短機関銃は、1914年に開発されたイタリアのヴィラール・ペロサ（1915年にイタリア陸軍が導入）といわれることが多いが、これは実際のところ軽機関銃だった。1918年、大西洋の両側の設計者が、塹壕戦の要求にこたえて別個に真の短機関銃を発明した。ドイツでは、ヒューゴ・シュマイザーがベルグマンMP18/1を、いっぽうアメリカではジョン・トリバ・トンプソン准将が、彼いわく「個人用手持ち型機関銃。塹壕ほうき（トレンチ・ブルーム）」の必要性から、自身の名でよばれることになる銃を考案した。ふつうの兵士には遠距離での命中精度はほとんど必要ないことが、トンプソンにはわかっていた。塹壕戦では、トンプソンの言葉を借りれば「単独で１個中隊を全滅させる」ことが可能な、近距離からの大量の銃火のほうがはるかに必要とされていた。

トンプソンはアメリカ陸軍武器省の小火器部門の責任者と、レミントン・アームズ社の主任設計技師をつとめた経歴があり、後者では、自身の会社オート・オードナンス社を設立する前に、スプリングフィールドM1903小銃とコルトM1911拳銃の開発に協力した。アメリカが第１次世界大戦に参戦すると、トンプソンは「塹壕ほうき」の開発に着手した。アメリカ海軍中佐ジョン・N・ブリッシュが考案した遅延式ブローバック機構の特許を購入し、コルト拳銃と同じ弾薬（.45ACP弾）を使用する、遅延式ブローバック方式の空冷式自動式小火器を発明した。弾薬は50発用ドラム弾倉から給弾されたが、後継型では20～30発用箱型弾倉を使用した。

警官と強盗

トンプソン短機関銃の原型の最初の積荷がニューヨークの埠頭に到着し、まさにヨーロッパに向けて出荷されようとしていた1918年11月11日、休戦協定が締結された。オート・オードナンス社はトンプソン短機関銃の在庫を大量に抱えこみ、軍部もほとんど関心を示さなくなった。警察のような法執行機関に大量に売ったものの、それでも売り上げは低迷していた。トンプソンは経営の実権を失い、オート・オードナンス社は短機関銃を、利用できるあらゆる合法的な販路を通じて売りさばきはじめた。通信販売や地元の金物屋、スポーツ用品店でも購入することが可能だった。だが価格は、アメリカの中間所得層には法外

だった。M1921トンプソンは200～245ドルで、中流階級の稼ぎ手の2カ月分の賃金に相当した。

しかし偶然にもこの時代、新興高所得者層の銃マニアが思いがけず出現した。1920年に禁酒法時代が到来すると、闇の経済（ブラックエコノミー）がいっきに活況を呈し、莫大な富が密造者、密輸業者、ギャングスターの懐に流れこんだ。トンプソン短機関銃はたちまち根強い人気となり、1929年の聖ヴァレンタインデーの虐殺で使用されたことで悪名をとどろかせた。

「シカゴの暗黒街のボスたちは、聖ヴァレンタインデーを機関銃の乱射で祝い、その結果、ノースサイドギャングのジョージ・(バグズ)・モラン＝ディーン・オバニオン一味の7人が、この町の暗黒街史上もっとも冷酷なギャング抗争事件で死亡した」と、翌日ニューヨークタイムズ紙は報じている。「警官の制服を着た犯人のひとりがおそらく、壁を向いてならべと命じたと思われる（…）そのあと『殺れ』という指示がなされ、ショットガンの銃声に、巨大なタイプライターを打つような機関銃のダダダダという音が入り混じった」。トンプソン短機関銃はトミーガン、またはシカゴ・タイプライターともよばれ、ボニーとクライド、ジョン・ディリンジャー、「プリティボーイ」・フロイドといった大恐慌時代の銀行強盗に好んで使われる武器でもあった。

法科学者の草分けで銃マニアでもあったカルヴィン・ゴダードは、顕微鏡を使った小火器の法科学的検査から、全員がたった2挺のトミーガンによって殺害されたことを証明してみせた。こうして聖ヴァレンタインデーの虐殺にトミーガンが関与したことがきっかけとなり、もっとも影響力をもつ初期のアメリカ法科学研究所、科学犯罪捜査研究所が設立されることになったのである。また虐殺事件と同様の暴力事件は世論を喚起し、ついに1934年、連邦火器法が制定されるにいたった。このようにトンプソン短機関銃は、アメリカ初の銃規制法を制定させた武器でもあった。

遅ればせながら、法執行機関もトミーガンを装備するようになった。オート・オードナンス社の広告には「法と秩序を守る側にだけ売っています」と書かれ、こんな宣伝文句が躍っていた。「強盗がトンプソン短機関銃をもった人間に降伏するのは、『トンプソンからはぜったい逃げられない』ことを知っているからです」

軍による採用

アメリカ軍はついにトンプソン短機関銃を採用しはじめ、沿岸警備隊を皮ぎりに、1928年に海軍、1930年代に海兵隊、そして1938年にようやく陸軍が納入契約を結んだ。しかし短機関銃の分野をリードしていたのは、ドイツとソ連だった。1920年代後半、ドイツとソ連は秘密裏に武器開発にかんする協力関係を結んでおり、ソ連はドイツの技術的専門知識を利用したいと考え、いっぽうドイツは、1919年のヴェルサイユ条約により課せられた制約を回避したいと期待していた。そうして誕生したのが、ドイツのMP38とソ連のデグチャレフPPDである。ソ連軍は、PPSh41のような短機関銃を大量生産する予定だった。PPSh41は、ロシア軍指揮官が好む近接戦闘戦術において、技能の未熟な兵士が使用するのにぴったりの武器とみなされていた。しかし短機関銃を最初に装備し、最大限に活用したのはドイツ軍だった。MP38は電撃戦で重要な役割をはたし、1940年以降、より安価なバージョンのMP40に更新された。どちらも、まっ

1926年、イリノイ州シャディレストのアジトで、集合写真におさまるビルガー・ギャング。ボスのチャーリー・ビルガーは運転席側のドアの上に座り、防弾チョッキを着て、トンプソン短機関銃を手にしている。

たく別の小火器の開発にかかわったドイツ人銃器設計者の名をとり、シュマイザーと誤ってよばれていた。MP40は100万挺以上が生産された。

同様に大量生産されたイギリスのステンガン（Stenは、発明者のシェパードとターピン、それにエンフィールドの王立小火器工廠の頭文字をとって命名）は、製造コストがトンプソンの20分の1で、1941年に出たMk Iは、製造コストが約2.5ポンドだった。この銃は信頼性が低く、暴発しやすかった——そのため多くに不評だった——が、1945年までに400万挺近くが生産され、大半がレジスタンスグループに供給された。

いっぽうトンプソンは、軍用に改良・単純化された。M1A1にはフォアグリップとドラム弾倉がなく、シンプルブローバック方式を採用していた。M1A1は太平洋沿岸諸国からヨーロッパにいたるまで、軍隊で人気を博した。トンプソンは戦後も生産されつづけたが（1921年以来、約170万挺がつくられた）、短機関銃は大半が突撃銃（アサルトライフル）にとって代わられた。ウージーやイングラムのような現代の短機関銃は、短機関銃というよりマシンピストルに近い傾向がある。

「あなたの部隊の拳銃を撃てる兵士なら誰でも、トンプソンを上手に撃てます」

オート・オードナンス社、トンプソンの価格表、1927年

34

発明者：

ジョン・M・ブローニング

ブローニングM2 重機関銃

社会的

政治的

戦術的

技術的

タイプ：

重機関銃

「アメリカ騎兵隊の槍騎兵」

ディフェンス・インダストリー・デイリー紙

1921年

親しみをこめて「マ・デュース」という愛称でよばれるM2重機関銃は、小火器史上もっとも汎用性が高く長命で効果的な武器のひとつである。驚くべきことに、M2は原型が最初に登場してから1世紀近くたった現代においても、第2次世界大戦開戦以来何度かマイナーチェンジされただけで、軍隊にとってきわめて重要な定番の武器でありつづけている。

ジョン・M・ブローニング

猛烈な連射

重機関銃は、すぐれた火力によって戦場を支配するという哲学を可能にするきわめて重要な道具になっており、ブローニングM2はこの分野の主要な武器である。当初は軽機関銃で、それはさかのぼること1900年、ジョン・M・ブローニングが反動利用式機関銃の最初の特許を取得したときのことだった。1910年までにブローニングは、水冷ジャケットをとりつけ三脚架に搭載した、最大発射速度毎分500発の0.3口径機関銃を製作していた。

その設計には、実入りのよいヨーロッパ市場を独占していたマキシム機関銃（112ページ参照）にまさる大きな利点があった。それは、銃身長が短く、軽量で、付属品をすべてふくめても、マキシムの約64キロに対し42キロほどだったことである。さらにその反動を利用した水平鎖栓式閉鎖機構は、マキシムのものよりはるかにシンプルで、製造と整備がより安価で容易になった。しかしブローニングの設計は、1917年にアメリカが第1次世界大戦に参戦するまで、国内ではかぎられた関心しかもたれなかった。アメリカ軍部は機関銃をほぼまったく保有していないことに遅まきながら気づくと、国産の候補をつのった。1910年の設計をひそかに完成させていたブローニングは、1917年5月、スプリングフィールド造兵廠の政府実験場で射撃実演を行ないたいと申しでた。試験では、候補の武器は2万発を発射する必要があった。ブローニングの銃は2万発すべてをなんなく発射した。視察者が驚いたことに、そのあとさらに2万発を、ささいな部品の故障一個所だけで発射し終え、わずか2時間あまりで40箱の弾薬を使いきった。

このM1917は大量生産されたが、到着するのが遅すぎて、第1次世界大戦の戦局に影響をおよぼすことはできなかった。それでもM1917は非常に効果的であったため、第2次世界大戦をとおして、またさらにそれ以降も、りっぱに任務をはたしつづけた。ある伝説的な戦闘でミッチェル・ページ海兵隊一等曹長は、ソロモン諸島での日本軍の突破を阻止できる唯一の手段、M1917機関銃班を指揮することになった。「わたしは銃身から湯気が出てくるまで、引き金を引いて連射しつづけた」と、のちにページはふりかえっている。「目の前には、死体が山のように積みあげられていた。わたしは尾根を銃から銃へと駈けずりまわり、

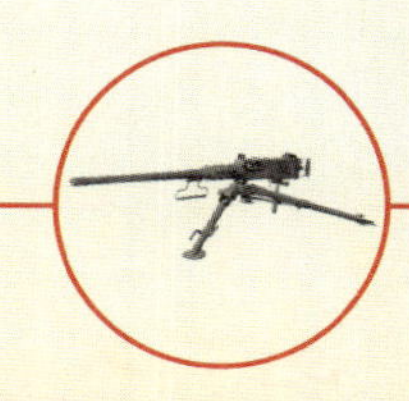

1944年夏、フランス、ノルマンディの某町の解放を支援する、三脚架に搭載されたM2HB。

射撃を続けようとしたが、どの銃座にもあるのは死体だけだった。そのとき、自分はひとりぼっちにちがいないと気がついた」。ガダルカナル島では、ジョン・バジロン海兵隊一等軍曹が、公式報告によると、M1917機関銃を使って「日本軍の１個連隊を事実上壊滅させた」として知られる。バジロンは硫黄島で戦死したが、M1917を手にした彫像が記念につくられた。

大口径化と重銃身化

第１次大戦末期、アメリカ派遣軍のジョン・パーシング司令官は、装甲貫徹力をもち、対空砲、対戦車砲、および砲撃に使用できるほど長射程の大口径機関銃を募集した。そこでブローニングはM1917を、.50口径弾を発射するM1921に改造した。ブローニングの死後、この銃は1930年代に改良が重ねられてM2重機関銃となり、歩兵支援にとどまらず、戦艦、航空機、戦車、ジープに搭載されたほか、対空銃座としても使用されるなど、それまでとはやや異なる形で多目的にもちいられるようになった。航空機に搭載する場合は空冷式、いっぽう重量があまり問題にならない艦載の場合は水冷式が利用されたが、地上で使用する場合は、水冷ジャケットをとりはずして軽量化がはかられた。しかしこうすると銃身がたちまち過熱するため、防止策としてより重い肉厚の銃身を採用し、熱を吸収・放散させることになった。こうして誕生したのが決定版とよぶべきM2HB（重銃身(ヘヴィーバレル)）で、1933年に導入されて以来、いまなお現役である。

大口径弾と毎秒890メートルという高初速が、M2に圧倒的威力と長射程をもたらした。最大有効射程は直接照準射撃の場合1829メートルだが、その弾丸は6803メートルに達することもある。.50口径徹甲弾は、敵の航空機、ハーフトラック、軽装甲車のエンジンブロックや車体板、燃料タンクをたやすく貫通することができた。M2はまた信頼性が高く、第２次世界大戦終結まで操作者は、弾づまりを起こす頻度は4000発発射するごとに１回と考えていればよかった。1941年から1945年にかけて、アメリカの兵器工場は200万挺近くのM2機関銃を生産したが、そのうち40万挺以上が地上用のM2HBだった。1921年にブローニング.50口径が最初に考案されて以来、約300万挺が製造されている。

ミートチョッパー

M2HBはDデイ後、ヨーロッパできわだった成功をおさめた。ドイツ軍パイロットはとりわけこの銃を嫌悪していたことで知られ、というのも、M2HBは戦車やほかの車両に搭載され、格好の標的になりかねない車列を守って敵機に破壊的な対空射撃を浴びせたからだ。もっとも恐れられた形状のひとつは、「肉挽き機(ミートチョッパー)」とよばれる、4連装.50口径機関銃架に車輪をとりつけたものだった。表向きは対空兵器だったが、木々のあいだに隠れたドイツ軍狙撃兵に対しても有効だった。4連装機関銃が木の幹をこっぱみじんに吹き飛ばして木を倒せば、それといっしょに狙撃兵も壊滅させることができた。

第1次世界大戦以降、M2はほぼすべての紛争で使用され、75カ国以上の軍隊で主力武器となっている。M2はさらに、狙撃武器としても利用されてきた。伝説的な海兵隊狙撃兵カルロス・ハスコックは、光学式照準眼鏡を装備したM2HBでベトコン兵士を約2250メートルの距離から射殺しており、これは1992年まで、確認された狙撃殺人のなかでは最長記録だった。M2HBは、第2次世界大戦の最多受賞アメリカ兵オーディ・マーフィが名誉勲章を受けることになった1945年1月のフランスでの戦功のような、英雄的行動で重要な役割をはたしている。このとき、マーフィは焼けた戦車駆逐車の上に飛び乗り、M2HBで数十人のドイツ兵を殺害して1個戦車部隊を撃退し、激しい敵の砲火に1時間にわたりもちこたえ、ついにドイツ軍戦車隊に撤退を余儀なくさせた。

「墓石(ツームストーン)」弾薬箱を各銃にとりつけた、M45 4連装.50口径対空機関銃架。別名「ミートチョッパー」。

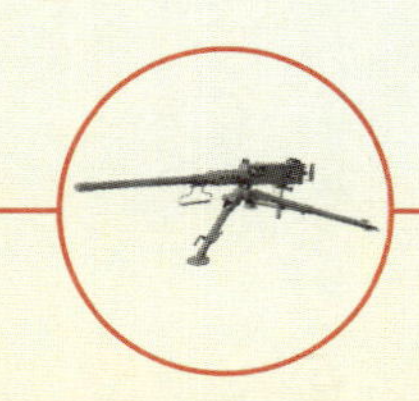

35

発明者：

ジョン・C・ガランド

M1ガランド

タイプ：

半自動小銃

社会的

政治的

戦術的

技術的

「わたしの考えでは、M1小銃はこれまで発明されたなかで最高の戦闘道具だと思う」

ジョージ・S・パットン・ジュニア将軍

1936年

1936年にアメリカ陸軍に採用されたM1ガランドは、一国の歩兵の標準武器として支給された最初の半自動（セミオートマティック）小銃だった。その結果、アメリカ軍はほかのどの参戦国よりもすぐれた歩兵小銃を装備して第2次世界大戦にのぞむことになった。この小銃はほかの戦闘部隊の賞賛と羨望の的になり、装備する兵士からは愛着をいだかれた。よく知られているようにパットン将軍をして「これまで発明されたなかで最高の戦闘道具」といわしめ、さらにダグラス・マッカーサー将軍は「このガランド小銃は、わが軍への最大の貢献のひとつである」と考えていた。

機械上の問題

マキシムが最初の成功した自動武器（112ページ参照）を発明して以来、小火器設計者は自動装填の原理をより小型の武器に拡大応用することをめざしていた。しかしこれとまったく同じ原理を小火器に応用するのは、本質的に問題が多かった。自動装填は基本的に、発射薬の高速燃焼によって生成される力を利用して、自動装填機構を駆動させる。マキシムの場合は反動力を利用し、いっぽうブローニングの独創的な重機関銃は、発射薬の燃焼によって生みだされる排気ガスすなわち発射ガスを利用した。しかしこうした力はきわめて強力なため、強烈な圧力や熱、衝撃に耐えうる頑丈で重い機構が必要だった。そのような機構は、三脚架で支えたりマウントに固定したりする機関銃や重火器では問題ないが、歩兵武器の主力をなす肩撃ち銃の類では、重くて使用は不可能である。拳銃に使用される小型であまり強力でない弾薬は、生みだす力も強烈ではないので、自動（または半自動）拳銃がさっそく登場し、成功をおさめた。だが自動原理を利用する成功した肩撃ち銃はかなりの難問だった。

そんな武器を開発するうえでの障害は、早い段階で認識されていた。1902年、M1903スプリングフィールド・ボルトアクションライフルがアメリカ軍で標準仕様武器として採用された直後、陸軍武器科長がその課題について述べている。

> **手動式の弾倉式小銃から半自動マスケット銃への切り換えを前向きに検討した場合、戦術上、機械上両方の問題が必然的にともなう。いままでのところ、機械上の発明が問題の一部を解決するにいたっておらず、その類の小銃はひとつとして、検査および試験のために本省に提出されていない（…）**

それにもかかわらずアメリカ軍部は、M1903スプリングフィールドの後継となる半自動小銃の開発に関心をもちつづけていた。「半（セミ）」とは、空の薬莢の排出と次弾の装填は自動だが、弾丸を発射するにはそのつど引き金を引かなければならないことを意味する。軍上層部にとってはこのほうが、一般兵がまたたくまに手持ちの弾薬をむだに使いはたしてしまうにちがいない全自動（フルオートマティック）武器よりも理にかなっていた。ボルトアクション式スプリングフィールドのような手動装填式小銃は、1発撃つごとにふたたび狙いなおす必要があったのに対し、半自動式なら初弾の精度を維持で

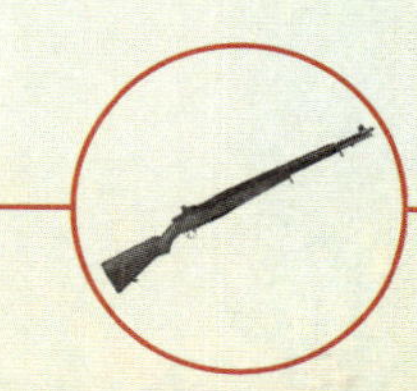

き、その後の発射で調整が必要になってもただちに対応できるうえ、達成可能な発射速度が飛躍的に向上する。

第1次世界大戦終結とほぼ同時に、アメリカ軍需品委員会は半自動小銃を追求しはじめた。このころには、成功をおさめた狩猟用の半自動小銃が多数あったが、これらは比較的低威力の弾薬を使用していた。軍需品委員会が直面した最大の障害は、アメリカ軍の既存主用弾薬が.30-06弾だったことだ。ジュリアン・ハッチャー少将は個人的に半自動小銃の開発にかかわり、『ハッチャーのガランドの書(Hatcher's Book of the Garand)』を執筆したが、そのなかでハッチャーは.30-06弾についてこう書いている。.30-06弾「は(…)すべての肩撃ち銃に使用される、もっとも威力のある実包のひとつである(…)その150グレイン弾丸は、毎平方インチ5万ポンドの最大圧力を生みだす無煙火薬の発射薬により、初速823メートルで発射された。それに対し当時の平均的な『高威力』実包は、軍用、狩猟用いずれも、通常燃焼室圧力が毎平方インチ約4万ポンド[1万8144キロ]で、初速は毎秒640メートルほどだった」

この高威力弾丸は小銃の可動部に多大な負担をかけ、ハッチャーによると、この弾丸は「十分に強力だとはとてもいえなかった(…)さらに、多量の装薬をふくむ高圧実包の持続射撃によって発生する熱は、かなりの高温になるため、数発発射しただけで排莢不良を起こし、また銃床とハンドガードは、100発連射したらひどく焦げた」

もっとも有効な解決策のひとつが、カナダ生まれの銃器設計者ジョン・キャンティアス・ガランドの作品からもたらされた。1919年、ガランドのそれまでの設計の将来性を見こんで、スプリングフィールド造兵廠(アメリカ軍の主要な武器開発施設)は彼を設計者として雇った。ガランドはそこで、装薬の燃焼によって生成された発射ガスを利用してピストンを押しもどし、回転閉鎖機構を作動させるガス利用式の設計を開発し、1920年代を、.276口径の原型の改良についやした。1932年時点で、これはすぐに製造を依頼してもかまわないほどの出来栄えだったが、当時、陸軍参謀総長だったマッカーサー将軍が口をはさみ、.276弾は威力不足であり、かわりに.30-06弾を使用する小銃のバージョンを開発するべきだと主張した。運よく、ガランドはこのモデルも同様に開発を進めており、1933年、彼の設計は、.30口径半自動小銃M1という制式名称があたえられた。1936年には、この銃はすぐにでも採用され利用できるようになっていたが、ガス圧機構の改良と単純化に迫られ、1941年になってようやく最終的な完成形になった。

ひと目ぼれ

こうして誕生した武器は強力かつ頑丈で、信頼性も高く、軍人に大人気となった。1950年代に基礎訓練を受けた兵士、ギルバート・ルイスはこう回想する。「ガランドを支給された瞬間、ひと目で恋に落ちてしまいました(…)その美しいライン、ほとんど女性的といっていい外観にたちどころに心を奪われ(…)M1に夢中になるあまり、兵舎の戦友の分まで手入れするほどでした」。ロバート・ウィルソンは、基礎訓練で自分のライフルをもてるようになった日のことを覚えている。「アメリカ兵であることをあれほど誇らしく思ったことはありません。そしてM1ガランド小銃はならぶもののない武器であり、いかなる状況にあ

1944年、自分の小銃のきわだった特徴をアメリカ軍の上級将官にさししめすジョン・ガランド。

っても信頼できるライフルだと確信しました」。全米ライフル協会のアメリカン・ライフルマン誌に掲載された2008年の記事では、M1ガランドを史上最高の歩兵用小銃と評価している。

だがこの武器にはひとつ欠点があった。ガランドは8発入り挿弾子(クリップ)をレシーバーに押しこんで装弾するようになっていた。そして全弾を使いおわると、挿弾子は「ピーン」という大きな音をたてて排出された。これは発砲者の位置と弾ぎれを敵に知らせることになったので、最大の欠点のひとつとみなされていた。

第2次世界大戦のあいだに、スプリングフィールド造兵廠とウィンチェスター・リピーティングアームズは400万挺のM1小銃を製造し、ガランドをこの戦争でもっとも広く使用された半自動小銃にした。M1は朝鮮戦争を通じて、アメリカ軍の標準歩兵武器でありつづけ、ほぼ150万挺が1952年から1957年のあいだにあらたに製造され、最終的には約600万挺がつくられた。しかし自分の名を冠した武器の設計者は、政府職員であったため、1セントの使用料も受けとっていなかった。ガランドに10万ドルの特別ボーナスをあたえる議会決議案を通過させようとしたが、却下された。

36

発明者：

ミハイル・コーシュキン
とハリコフ機関車工場

T−34戦車

社会的

政治的

戦術的

技術的

タイプ：

装甲車

1939−40年

どれが「第２次世界大戦最高の戦車」かは激しい論議の的だが、ソ連の中戦車T−34はとくによくあげられる候補である。ドイツのＶ号戦車やほかの候補を推す声があるとしても、T−34がこの戦争におけるもっとも重要な戦車であったことは否定しがたく、おそらく史上もっとも重要な戦車であり、またほぼまちがいなく、第２次大戦でもっとも重要な武器だったといっていいだろう。

戦車戦

現代戦にとって戦車がいかに重要かを教えた第１次世界大戦の戦訓を、イギリス、アメリカ、フランスはまたたくまに忘れ去り、戦車部隊を縮小もしくは解散した。たとえばアメリカでは、戦車隊は1920年に完全に廃止された。だがロシア軍とドイツ軍は、機動機甲部隊の価値を認識していた。1932年、ロシア軍はそれぞれ戦車100両からなる機械化兵団を——うち７個は1938年までに——編成した。いっぽうドイツ軍は、一連の中戦車モデルを開発し、６個機甲師団を編成した。両軍はさらに、イギリスの理論家J・F・C・フラーとバジル・リデル・ハートが唱道する戦車戦にかんする新たな思想に熱心に耳を傾けた。自国では受け入れられなかったふたりの著作が、ブリッツクリーク（電撃戦）ドクトリンの基礎になった。電撃戦では、大量の機甲部隊を先鋒として１点に集中させ敵前線を強行突破し、包括的な支援と準備を行なって戦車がひたすら進撃できるようにする。戦車がもつ威力と機動力は、1940年にドイツ軍がヨーロッパを席巻したとき、さんざんな形で思い知らされることになった。まばらに散開した連合軍機甲部隊は、機甲師団にほとんど抵抗することができず、ドイツ軍はわずか60日で西ヨーロッパを征服した。

完全なる均衡

この時点で、ドイツ軍機甲部隊の勢力にとって唯一の深刻な脅威は、ソ連が建造した大量の戦車だった。1941年までに、ドイツは約5000両の戦車を生産していたが、ソ連は２万1000〜２万4000両をつくっており、ドイツの工場が対処できる４倍の割合で量産していた。ドイツ軍第７機甲師団の指揮官ハッソー・フォン・マントイフェルによれば、「火力、装甲防御、速度、クロスカントリー能力は不可欠であり、最高の戦車というのは、これらの相反する必須条件をもっとも効果的に結びつける戦車のことである」という。ロシア最高の戦車はT−34であり、同時代のほかのどの戦車よりも「これらの相反する必須条件」をもっとも効果的に結びつけた。「T−34は世界一である」と、ドイツ軍戦車将軍、パウル・ルートヴィヒ・エーヴァルト・フォン・クライスト陸軍元帥は書いている。

T−34の起源は1931年、ロシア軍がアメリカのクリスティ戦車２両を購入したことにはじまり、この戦車の高度な懸架装置（サスペンション）がT−34のそれの基礎になった。ソ連の技術者は戦車を駆動させる方法を、皮肉にもドイツのBMWディーゼルエンジンから学んだ。軽量なアルミニウムでつくられた、T−34用に開発されたエン

1943年7月のクルスクの戦いで、攻撃する赤軍兵士とソ連のT-34戦車。

ジンは、最初の実用的な戦車用ディーゼルエンジンとなった。航続距離と信頼性が向上し、同時代のほかのどの戦車エンジンより30パーセント馬力が大きく、頑丈で、損傷しても引火する危険が低かった。T-34の装甲は、ドイツ軍戦車のほとんどが厚さ30ミリだったのに対し45ミリで、砲弾をかわせるように装甲が傾斜し、縁が丸くなっていた。くわえて戦車砲——当初は76ミリ砲——は、ほかのほとんどの戦車の装甲を貫通できるだけの威力があった。この戦車の高出力重量比と幅広の履帯が、クリスティ式懸架装置と結合して、雪道や泥道も走破できるすぐれたオフロード機動性をあたえるとともに、ドイツのⅢ号、Ⅳ号戦車が時速35キロほどだったのに対し、時速51キロの高速で走行することができた。おそらくもっとも重要なのは、T-34の簡素で武骨な設計が、大量生産と修理を容易にしたことだろう。

T-34を評価しない人びとは、この戦車の優位性を主張する多くの声に異議をとなえる。たとえばT-34はとても狭く、乗員の快適さや安全性はまったく考慮されていなかった。戦車が破壊された場合の乗員の生存率は25〜30パーセントで、1943年だけで1万4000名のT-34戦車の乗員が戦死している。また、走行音

「それは第2次世界大戦の攻撃兵器のもっともすぐれた例だった」

フリードリヒ・ヴィルヘルム・フォン・メレンティン

が0.5キロ先から聞こえるので、敵が防衛手段を準備する余裕があることが多かった。

数の重み

ウクライナのハリコフ機関車工場で、ミハイル・コーシュキンのもと開発されたT−34の最初の試作車は、1939年はじめに完成した。コーシュキンは1940年はじめ、きびしい寒さのなか、最初の2両の試作車で2880キロにおよぶ困難な往復旅行を敢行し、その航続距離と堅牢性を証明したが、この旅行がもとで肺炎にかかり、命を落とした。戦車はすぐに採用され、1940年なかばにT−34/76（搭載砲の口径をさす）として生産に入った。最終的に6つの異なる工場で製造されるようになり、T−34は第2次大戦でほかのどの戦車よりも多くつくられた。1941年6月22日のドイツ軍の侵攻までに、約1225両の戦車が建造されていた。増大しつつあるソ連軍戦車の戦力がもたらす脅威が、ヒトラーが侵攻の開始を決断した大きな理由だったのかもしれない。

当初、ドイツの機甲部隊はソ連軍を圧倒し、ドイツ軍は広大なソ連領を前進した。しかし1943年までに、戦争の均衡は決定的にドイツに不利に変わっていた。それは戦略のせいでもなければ戦場での敗北のせいでもなく、たんに経済と、おもに戦車の製造両数を示す産業数字の重みによるものだった。1943年、ドイツは1941年の生産高のちょうど倍になる5966両の戦車を生産し、いっぽう同年、アメリカは2万1000両、イギリスは8000両、そしてソ連は1万5000両以上をそれぞれ製造していた。T−34を1両生産するにはひとりで3000時間かかるのに対し、ドイツの戦車は5万5000時間かかった。戦時体制下の計画経済では価格を数値化するのはむずかしいが、ロシアの戦車の製造コストはドイツの戦車のほぼ半分で、1943年のドル建て金額で、2万5470米ドルに対し5万1600米ドルだった。

ドイツとソ連の戦車の究極の衝突は、1943年7月、クルスクの戦いで幕を開けた。まさにこの戦いで、生産規模の大きな差異がものをいうことになった。ドイツ軍は2000両の戦車を集結させたが、6000門の対戦車砲にくわえ6000両近くのロシア軍戦車と対峙していることに気づいた。ロシア軍はまずドイツ軍の攻撃をきりぬけ、それからT−34で反撃に出て、ついにドイツ軍戦車隊のほぼ半分を破壊した。

ドイツ軍戦車の設計は、T−34の挑戦を受けて立つため大幅に改良された。ドイツのV号戦車は第2次大戦最強の万能戦車と広くみなされているが、小さすぎるし速度も遅すぎた。1944年までにT−34は、新型の重装甲のV号戦車とティーガー戦車を破壊できる大口径の85ミリ砲を装備しており、その年だけでロシアは1万1000両のT−34/85を製造した。第2次大戦終結までに、ロシアは8万両を超えるT−34を生産していた。T−34は第2次大戦後もしばらく使用されつづけ、一部の国では60年以上たったあとも就役していた。

37

発明者：

フリッツ・ゴスラウ、ヴァルター・ドルンベルガー、ヴェルナー・フォン・ブラウンほか

報復兵器

社会的 ■
政治的
戦術的
技術的 ■

タイプ：
飛行爆弾と弾道ロケットミサイル

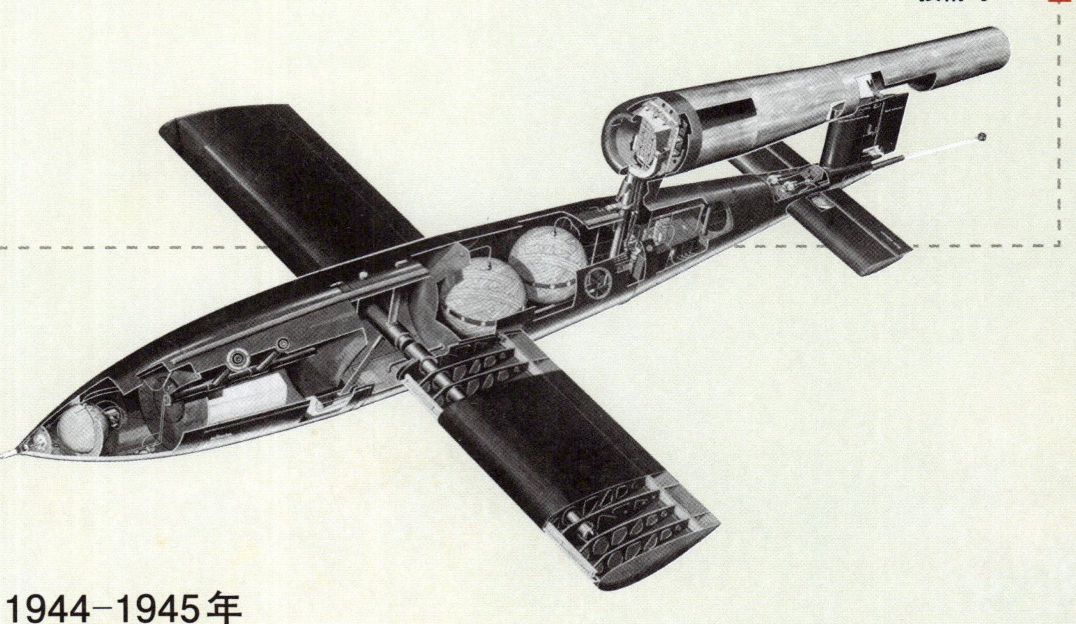

1944–1945年

1944年から1945年にかけて使用された「フェアゲルトゥングスヴァッフェ」、すなわち「報復兵器」があたえた戦術的ないしは戦略的影響はかぎられていたが、その心理的影響と、それが何千もの家族にもたらした死と破壊ははかりしれなかった。同様にきわめて重大だったのは、兵器の未来とほかの多くの技術分野にとってのその重要性である。

ロケットマン

ふたつの主要な報復兵器は、フィーゼラーFi-103としても知られるV-1飛行爆弾（本質的には無人ジェット機で、現代の巡航ミサイルの前身）と、V-2ロケットだった。V-2の開発は1930年代初頭にはじまった。第1次世界大戦を終結させたヴェルサイユ条約の条項により、ドイツは新たな投射兵器の開発を禁じられたが、条約はロケットについてはいっさい触れていなかった。それまで実用的軍事価値のほとんどない珍奇なものとみなされていたロケットは、その起源を中世初期の中国にさかのぼり、おそらく史上初の火薬兵器だったと考えられる。

なぞめいた武器を得意気にもつアレクサンドロス大王を描いた、15世紀初期の写本挿絵。西欧文献にはじめて登場したロケットの描写と考えられている。

ロケットは、「力が作用するときには、大きさが等しい反対向きの力（反作用）が働く」というニュートンの法則（運動の第3法則）にしたがって駆動する装置である。これにより、一端から吹きだした高温ガスが、ロケットをもう一方の端の方向へと推進させる。ロケットは本質的に、推進剤をつめた一端の開いた筒であり、推進剤とは、開いたほうの端から吹きだしてロケットを推進させる物質をいう。推進剤は、高圧水から圧縮空気、高温ガスを生成する爆薬まであらゆるものが利用できる。ロケットは推進力をみずから生みだすので、発射装置に反動が生じず、そのため比較的軽量なフレームからでも発射可能だが、それでいて衝突時までにとてつもない運動エネルギーを生みだす。

中国とインドの軍隊は古くからロケットを利用しており、インドのロケットに接したことがきっかけとなって、イギリス人のウィリアム・コングリーヴは「コングリーヴ」ロケットを開発した。19世紀初頭にイギリス軍とアメリカ軍で使用されたこのロケットは、火砲の威力、射程、命中精度にはとうていおよばず、ロケット工学は軍事の世界ではおとろえたが、先見の明のあるSF作家や愛好家はロケットの可能性を認め、ドイツ宇宙旅行協会（VfR）もそのうちのひとつだった。

ドイツ軍部はロケットに関心をもち、ヴァルター・ドルンベルガー砲兵将校に構想を練るよう依頼した。ドルンベルガーはVfRに接触し、1932年、ロケット愛好家で才気あふれる若き科学者、ヴェルナー・フォン・ブラウンを雇った。ふたりは協力して軍用の液体燃料ロケットの開発をはじめたが、道のりは困難なものだった。A2とよばれる最初の小型の試作機が、1934年後半に限定的な成功をおさめたが、射程322キロで効果的な誘導制御システムをそなえた大型のA4ロケットの開発にはさらに10年を要した。アルコールと過酸化水素を利用するエンジンを搭載したA4は、加速して30秒以内に音速を超え、大気圏に97キロ突入することができた。しかしロケット計画の経費と複雑さは、開発の遅さともあいまって、ナチ上層部にほとんど気に入られず、V-1兵器が成功してようやく注目を集めるようになった。

V-1を発射場に運ぶドイツ軍要員。

ブンブン爆弾

V-1飛行爆弾は主として、遠隔操作偵察機を製造したアルグスモータレン航空エンジン製造会社の従業員、フリッツ・ゴスラウのアイディアをもとに生まれた。ゴスラウは、独創的で単純ながら洗練されたパルスジェットエンジンにみがきをかけた。このエンジンには可動部分がほとんどなかったので、比較的信頼性が高かった。パルスジェットでは、空気を「律動」的に一定量の燃料と混合させ、その混合物にスパークプラグで点火する。燃焼の力によって前方の取り入れ口の弁が閉じると、排気ガスがエンジン後方から噴出し、推進力を生みだす。圧力が下がって前方取り入れ口の弁がふたたび開くと、あらたに空気が入り、この過程がくりかえされる。このエンジンは毎秒約50回、弁の開閉を周期的にくりかえし、ロンドン市民がのちに恐れるようになる特徴的なブンブンという音を発生させたので、ブンブン爆弾やドゥードゥルバグ（アリジゴク）といったあだ名がついた。

飛行爆弾の提案は1939年と1941年の２度にわたりドイツ空軍（ルフトバーフェ）に却下されたが、1942年、計画を進める許可が下りた。フィーゼラー社のロベルト・ルッサーとゴスラウは協力して、短く太い翼のついた機体上部のポッドにパルスジェット１基、さらに機首に爆発物を搭載した航空機を設計した。誘導制御システムには、平衡を保つためのジャイロスコープ、磁気コンパス、機首方位と高度を制御する気圧高度計、それにいつエンジンを停止して、爆弾を地上に投下し爆発させるか計数機に決定させる単純な風向風速計（小型のプロペラ）がもちいられた。

1942年、連合軍はスパイからV-1開発を知ると、1943年、チャーチルはその製造と発射

1944年、サウスロンドンで、作業員がV-1飛行爆弾に破壊された残骸のなかに生存者を探すのを見守る、アメリカ軍女性衛生兵。

を妨害するクロスボウ作戦を命じた。連合軍の爆撃機がバルト海沿岸ペーネミュンデにあるロケット研究センターを攻撃したが、効果は限定的だった。しかし発射場の爆撃はより成功をおさめ、V-1用に建設された96個所の発射場のうち73個所を破壊した。ドイツ軍はV-1を月5000発発射する計画だったが、結局、80日間でわずか1万500発をイギリスに向けてなんとか発射した。イギリス軍はすぐさま、対空砲がこの爆弾に対する効果的な防御になると気づいた。V-1による爆撃は、最初の数週間はロンドンに甚大な被害をもたらしたが、対空砲を沿岸地域に再配置したところ非常に効果的であることが判明した。V-1攻撃の最後の4週間には、対空防御による飛行爆弾の破壊率は、24パーセントから46パーセント、さらに67パーセント、そして最後の週には79パーセントに上昇した。たとえ爆弾がすり抜けたとしても、その戦術的または戦略的価値はたかがしれていた——きわめて不正確で、半径13キロの的（ロンドン攻撃では中心がタワーブリッジ）しか狙えなかったからだ。たとえばサウサンプトンを攻撃したV-1は、実際には約26キロ離れたポーツマスを狙ったものだった。チャーチルはV-1を「とんでもなく不正確な兵器。飛行爆弾はその性質、目的、効果において、まさにめちゃくちゃな兵器である」と酷評している。

連合軍が欧州大陸を前進するとともに、V-1発射場はロンドンの射程圏外へ押しだされたが、1944年後半には、ついにV-2ロケットがいつでも使用できる状態になった。1発目は1944年9月8日に発射され、さらに3172発が続く半年間に発射された。V-2は超音速で飛び、追跡や迎撃はおろか音すら聞こえなかったので、なんの前触れもなく攻撃が行なわれた——接近するロケットの衝撃波音（ソニックブーム）は爆発してはじめて到達した。V-2はV-1よりはるか

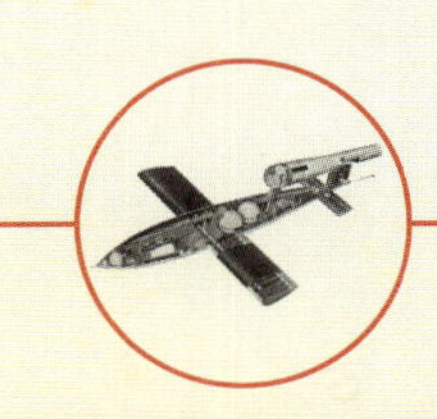

に破壊的で、ミサイル１発あたりの死亡率は、V−1の2.7（サウスロンドン）に対し11.06だった。ロケットはロンドン中に恐怖を広げ、実際、イギリス政府は二重スパイを使ってナチに、イギリスはロケットを恐れて省庁をロンドン南部のダリッチに移転したと信じこませ、ミサイル砲手に照準を変えさせようとした。連合軍が発射場を制圧するまでに、約11万5000人がV−2で死傷した。

ナチ政権の軍備相アルベルト・シュペーアは、ナチ上層部が計画を支持していれば、報復兵器はDデイの何カ月も前に実用化されていたにちがいないと主張している。連合軍遠征軍最高司令官アイゼンハワー将軍はのちにこう書いている。「ドイツ軍がこれらの新兵器を実際より早く完成させ使用することに成功していたなら、われわれ連合軍のヨーロッパ侵攻作戦はきわめて困難なものになり、おそらく遂行不可能だっただろう」

捕獲したロケットとロケット科学者を使ってロケット技術を評価するイギリスの計画、バックファイア作戦で、発射台にすえられたV−2。

「これは決定的な戦争兵器である」

アドルフ・ヒトラー、V−2について。アルベルト・シュペーアが著書『第三帝国の神殿にて――ナチス軍需相の証言』（品田豊治訳、中央公論新社）で語る

V-1飛行爆弾の解剖

[A] 射程制御のためのプロペラ
[B] 磁器コンパス
[C] 弾頭
[D] 燃料タンク
[E] 圧縮空気タンク
[F] ジャイロ制御
[G] パルスジェット
[H] 方向舵

V-1飛行爆弾には、万一機首着陸か胴体着陸した場合、弾頭を起爆させるための信管スイッチがふたつ——ひとつは機首に、もうひとつは胴体に——装備されていた。短く太い翼の前縁には阻塞(そさい)気球(防空気球)を無力化するための気球ケーブルカッターがとりつけられていた。特徴的な縞模様の球形タンクには圧縮空気が収納され、これは隣接する燃料タンクの加圧と、航空機の制御システムであるジャイロスコープおよび飛行制御作動装置(下げ翼と舵を作動させる)の駆動の両方に使われた。

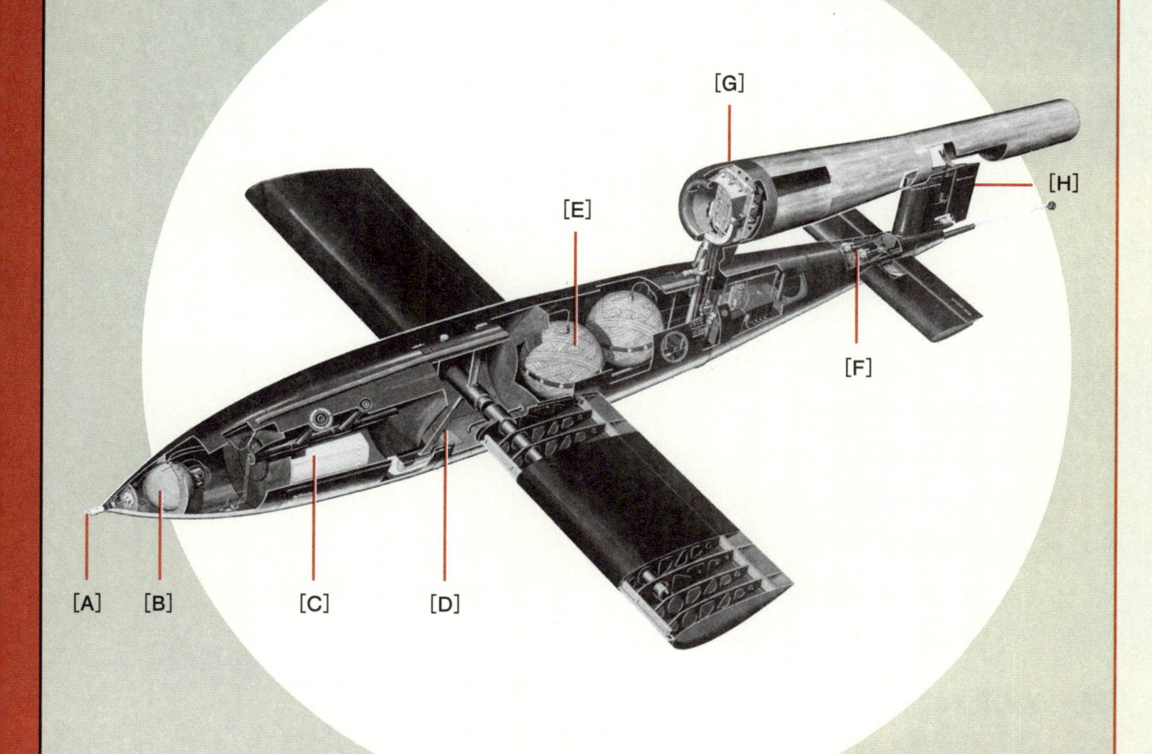

38

発明者：

マンハッタン計画

Mk1「リトルボーイ」原子爆弾

タイプ：

核兵器

社会的

政治的

戦術的

技術的

「原子を人為的に分裂させられることを証明する実験を行なっているのです。これが本当なら、戦争よりはるかに重要なことでしょう」

アーネスト・ラザフォード、1918年

1945年

「リトルボーイ」は、1945年8月6日に日本の広島に投下された最初の原子爆弾につけられた呼び名だった。約7万人の人びとが即死し、さらにすくなくとも7万人が続く数年間で負傷と放射能中毒が原因で死亡した。この爆弾は史上最高の理工学計画のひとつの成果であり、おそらく史上もっとも重要な科学の軍事的応用だった。これはその後の歴史の流れを根本から変え、核時代、冷戦、さらに終わることのない地球規模の核による破壊の脅威をもたらした。

はるかに重要なこと

原子に潜在するはかりしれない力は、20世紀初頭から認識されていた。とくにアインシュタインの有名な公式$e = mc^2$は、ほんのわずかな質量の物質が（なんらかの変換手段が存在すれば）途方もない量のエネルギーと等価になりうることを示している。この方程式は、物質の単位質量あたりのエネルギー含量は、真空中の光の速度の2乗をかけたものに等しく、天文学的な量になることを説明している。原子構造にかんする重要な初期の研究は、物理学者のアーネスト・ラザフォードによってなされた。1918年、対潜水艦対策委員会の一員として働いていたとき、ラザフォードは遅刻して叱責された。「もっと穏やかに話してもらえませんかね」と彼は応じた。「原子を人為的に分裂させられることを証明する実験を行なっているのです。これが本当なら、戦争よりはるかに重要なことでしょう」。しかしバーナードとフォーン・ブロディは、兵器史にかんする著書『クロスボウから水素爆弾まで（From Crossbow to H-Bomb）』のなかでこう指摘している。「彼の発見が戦争より重要だったはずがない。なぜなら、その発見が戦争をはるかに重要なものにしたからだ」

この当時の大多数の科学者の意見は、原子核を結びつけている内部結合は非常に強力なため、大量のエネルギーを放出するように変化させることはできないというものだった。だがすべての物理学者が同意していたわけではなかった。1933年10月、原子爆弾開発の中心人物のひとり、レオ・シラードはこう考えをめぐらせている。「1個の中性子をのみこんで、2個の中性子を放出するような元素を発見できれば、連鎖反応をひき起こせるかもしれない」。中性子は電荷をもたない亜原子粒子で、原子核から中性子が放出されると通常、大量のエネルギーが放出される。シラードは、中性子の放出を次々とひき起こせれば、爆発する量のエネルギーが放出されることに気づいていた。

1930年から1939年のあいだに、エンリコ・フェルミ、イレーヌ・ジョリオ＝キュリー、オットー・ハーン、リーゼ・マイトナー、オットー・フリッシュほかによる研究から、中性子の存在が確認され、さらに当時知られていたもっとも重い元素ウランの原子が、1個の中性子を吸収すると不安定になってふたつに分裂することも実証された——マイトナーとフリッシュはこの反応を、1930年にネイチャー誌に掲載した論文で「核分裂」とよんだ。ふたりは核分裂が莫大なエネルギーを放出することに言及したが、シラードは、核分裂を兵器化する観点からみれば、もっと重要な問

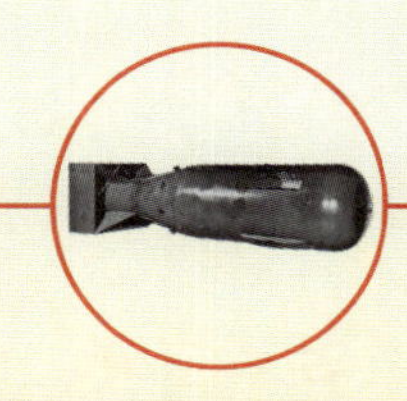

エノラ・ゲイ爆撃機に搭載される直前、ゆりかごに寝かされた原子爆弾「リトルボーイ」。

題は、中性子を放出する核分裂反応を連鎖的に起こせるかどうかだと考えていた。シラードはナチによってヨーロッパを追われ、アメリカのコロンビアに居を定めていたが、ここで行なった実験で、それが可能であることを証明した。シラードはみずからの発見を懸念し、仲間の科学者に、あらたに明らかになった研究結果は秘密にしておいたほうがいいと警告するようになった。

ウラン計画

シラードは、同僚のユダヤ人亡命科学者エドワード・テラー、ユージン・ウィグナーとともに、アルベルト・アインシュタインを雇い、ローズヴェルト大統領にあてて書簡を書かせた。書簡は、金融業者のアレクザンダー・ザックスが依頼されてじかに手渡した。1939年10月、ザックスは、ナポレオンが歴史の流れを変えたであろう蒸気船艦隊導入のチャンスを棒にふったという真偽の怪しい話で大統領の注意を引いた。核計画の可能性に感銘を受けたローズヴェルトは、武官の「パー」・ウィルソン将軍をよび、こう宣言したことで知られる。「パー、これはすぐに対応しなければならないぞ」。米政府の「ウラン計画」は1940年7月に開始された。

当初の研究は、原子炉内（大量のウラン同位体の混合）で、制御された核分裂連鎖反応を起こすことに力点がおかれた。これは1942年12月2日、シカゴ大学のフットボールスタジアム地下に建設された原子炉内ではじめてなしとげられた。しかし爆弾の場合、ある特定のウラン同位体（U-235）を臨界質量にして、制御されない核分裂連鎖反応を起こす必要があり、U-235は天然ウランのわずか6.7パーセントを占めているにすぎなかった。1941年11月の全米科学アカデミーの「ウラン計画」委員会の報告書は、すくなくとも2キロのU-235が必要になると予測し、これだけでかなりの技術的努力を要した。

1942年6月、いまや軍部の指揮下におかれた研究計画は、マンハッタン工兵管区計画と改称され、1942年、レズリー・R・グローヴ工兵隊准将が責任者となった。こうして誕生したのは、史上最大規模の壮大な科学・工学・工業プログラムだった。J・ロバート・オッペンハイマー率いる核物理学者コミュニティがニューメキシコのロスアラモスでつくられ、爆弾自体の物理学的性質を研究するいっぽう、等しく重要だったのが、ウラン同位体を分離し爆弾に十分な量のU-235を製造するための工業規模の努力で、テネシー州オークリッジとワシントン州ハンフォードに巨大製造工場が建設された。

世界の破壊者

1945年7月16日、マンハッタン計画の研究は、ニューメキシコ砂漠で試験装置の爆発に成功して実を結んだ。装置は22キロトン（TNT火薬2万2000トンに相当する爆発力）の威力で爆発した。オッペンハイマーはのちにこう語っている。「ヒンドゥー教の聖典『バガヴァッドギーター』の一節を思いだした（…）『われは死なり、世界の破壊者なり』」

試験装置にくわえ、マンハッタン計画はさらにふたつの爆弾をつくれる量のU-235とプルトニウムを蓄積していた。「リトルボーイ」という呼び名がつけられた第1号は、「ガン」タイプの爆弾だった。臨界質量未満のU-235の小片を発射し、もう片方のやはり臨界質量未満のU-235に衝突させると、両者がひとつになって臨界質量に達し、制御されない核分裂連鎖反応が起きるしくみになっていた。爆弾はB-29スーパーフォートレス「エノラ・ゲイ」に搭載され、広島に投下された。爆弾は大きさがわずか縦3メートル横71センチ、ウラン燃料を64キロ収容していただけだったにもかかわらず、地上580メートルの地点で、15キロトンの威力で爆発した。爆発点直下の温度は3870度に達し、閃光は約2キロ離れたところにいた人びとの衣服に火をつけた。爆心地では衝撃波が時速1577キロの爆風をひき起

広島爆撃に出発する前、母親の名をつけた爆撃機のコックピットから手をふる、エノラ・ゲイのパイロット、ポール・ティベッツ。

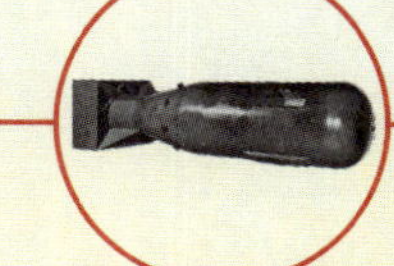

長崎に投下された爆弾「ファットマン」。

こし、風圧は1平方フィートあたり3900キロに相当した。500メートルほど離れたところでも、風速は時速998キロにおよび、都市の約13平方キロが破壊された。エノラ・ゲイの尾部機銃手ジョージ・キャロン軍曹はその光景をこう描写している。「きのこ雲がまさに壮観で、大量の灰紫色の煙がぶくぶくとわきあがり、そのなかに赤い核が見え、内側ではなにもかもが燃えていた（…）溶岩か糖蜜が都市全体をおおっているかのようだった（…）」。副操縦士のロバート・ルイス大尉は次のように語っている。「2分前には都市がはっきりと見えていたが、もはやそれを見ることはできなかった。見えるのは、山腹をはいあがる煙と炎だけだった」

3日後、プルトニウム爆弾「ファットマン」が長崎に投下され、日本は正式に降伏した。原子爆弾は第2次世界大戦を終結させたが、地球規模の不安定さと核の恐怖という新たな時代をもたらしていた。

「太陽がその力を引きだしている源の力が、極東に戦争をもたらした人びとに向けて解き放たれた」

ハリー・トルーマン大統領、広島の破壊を知らされて

長崎上空にたちのぼるきのこ雲。その下では4.8キロの範囲が爆風に包まれ、4万人が即死し、都市の建物の3分の1が破壊された。

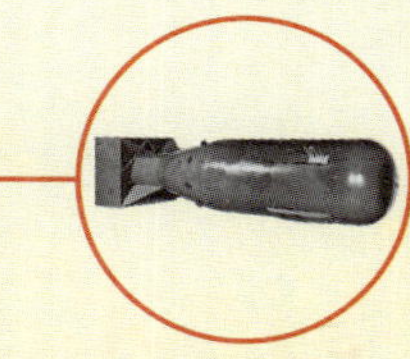

39

発明者：
ミハイル・カラシニコフ

カラシニコフAK−47

社会的
政治的
戦術的
技術的

タイプ：
突撃銃（アサルトライフル）

「カラシニコフ突撃銃には、何十カ国もの国々でつくられた多数の派生型がある（…）それらはすべて、ミハイル・カラシニコフにルーツをたどれる」
ゴードン・ロトマン『AK−47（The AK−47）』（2011年）

1947年

AK-47はミハイル・カラシニコフのアイディアがもとになって生まれた銃である。戦前からの工学への関心に、第2次世界大戦での直接的な戦争経験がくわわり、カラシニコフは新たな歩兵銃を開発するのにまさに適任だった。ブリャンスクの戦い（1943年）で負傷したカラシニコフは、入院中、のちにAK-47となる銃——この典型的な突撃銃（アサルトライフル）——のおおまかな構想をスケッチしはじめた。

ミハイル・カラシニコフ

プロパガンダと盗作

カラシニコフは、新しい銃は1943年にエリサロフとショミンが開発した7.62×39ミリ実包に適合させるよう指示されていた。最初の構想はソ連軍当局から賛同を得られず、スダエフPPS43短機関銃のほうが選ばれた。しかしほかにどんな上出来の設計があったとしても、勲章を受けた戦争の英雄であるカラシニコフが計画にたずさわることこそが、ソ連にとってプロパガンダ上のメリットがあった。そこでカラシニコフは設計者・技術者チームのリーダーとして、計画を仕切りなおすことになった。その結果生まれた設計には、ドイツのシュトゥルムゲヴェーア44（ガス利用方式と全体的な設計）、レミントンモデル8ライフル（安全機構）、M1ガランド小銃（引き金と前部銃床）の要素が盛り込まれていた。しかしドイツやアメリカの設計革新を盗用したとして、ミハイル・カラシニコフを責めるのはフェアではないだろう。急襲用銃器の開発は、戦闘員が生きのびるために学んだ過酷な教訓から発展していったものである。たしかに4つの銃にはいちじるしい類似性が認められるが、証拠はあくまで状況証拠で、AK-47と既存の銃との主要なイデオロギー上の相違を考慮していない。

AK-47がほかとちがう点は、その簡素さと頑丈さが大量生産と耐用年数の長さ（通常6000～1万5000発）を可能にしていることである。生産が開始されると、先行武器の生産に使用されていた施設は設備が一新され、赤軍は1956年までにかなりの数のAK-47を受けとるようになった。正確には、1959年に採用されたバージョンはAKM47で、Mは「Modern（近代）」を表していた。最初に登場して以来、非常に多くの派生型がつくられたにもかかわらず、この武器はいまなおAK-47とよばれて人気を博している。

大量の歩兵を武装させる

第2次世界大戦でロシア戦線は、ポーランド侵攻とフランスの戦い（フランス侵攻）が行なわれた1939年から1941年の電撃戦以来の破壊的な戦闘で幕を開けた。夏の荒涼としたほこりっぽいステップ地帯は、冬の数カ月のあいだ氷点下の寒さの戦場になった。大規模な包囲戦は、兵士対兵士の激しい市街戦および接近戦へと発展した。そうした戦いが、武器技術のあらゆるレベルに飛躍的な進歩をもたらした。だが一兵卒にとってもっとも魅力的だったのは、携帯武器における進歩だった。

3つの要因が組みあわさって、枢軸国とソ連双方の歩兵の携帯武器に変化がひき起こされた。ひとつは気候条件がじつにさまざまだったことで、もうひとつは補給路が大幅に延長され、技術的修理や支援があまり見こめなくなったことだった。3つめは、両陣営ともにおびただしい数の徴兵軍を使用していたことで、基礎訓練が短く限定的だったにもかかわらず、戦闘は情け容赦がなかった。これはつまり、携帯武器はすみやかに操作が理解でき、さらに修理が容易でなければならないということだった。こうして1943年から1945年までの数年間で、現代軍が使用する急襲用武器の基礎が確立された。

だが注目すべきは、ロシア戦線の最高傑作とみなされることになる武器が生産されるのは、第2次大戦終結後だったことである。冷戦の開始とともにソ連で生みだされたAK-47は、ほかの要因に負けないくらい、共産主義のイデオロギーの産物でもあった。これは人民の武器であり、赤軍に徴兵された労働者や農民が簡単に使えるという意味では民主的でもあった。

この時点で、AK-47は急襲用武器から象徴的武器へと変容をとげる。AK-47が決定的役割をはたした戦闘や戦争をどれかひとつ特定することはできないが、それにもかかわらず、AK-47は世界でもっとも有名かつ広く使用される銃になっている。その設計と製造を支えているふたつの要因が、この変容を説明するのに役立つ。ソ連の標準仕様武器として、AK-47は東欧と共産主義同盟諸国に支給され、さらに、ベトコンのような共産主義解放運動にも支給された。こうしたイデオロギー的背景がAK-47を人民の武器に結びつけることになり、モザンビークと武装組織のヒズボラはともに、国旗と記章にこの銃の側面図をとり入れている。そしてかぎられた訓練で使用でき、劣悪な環境でも壊れにくいというもうひとつの要因が、AK-47にほとんど伝説的な信頼性のステータスをあたえているのだ。今日、アメリカ海兵隊武装偵察部隊やイギリス陸軍特殊空挺部隊（SAS）のような世界中の精鋭部隊がAK-47で訓練を行なういっぽう、アフガニスタンやイラクの写真からは、ふつうの兵士が進んでこの銃を手にとり使用しているようすがはっきりと見てとれる。

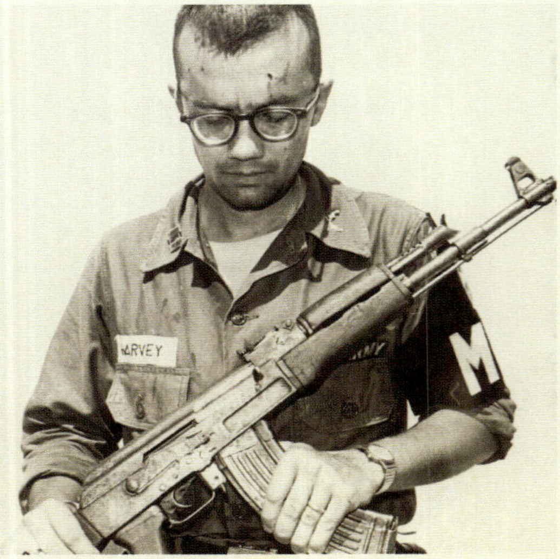

ベトナム戦争中、鹵獲したAK-47を調べるアメリカ陸軍憲兵。

AK-47の解剖

製造から50年たった年、ミハイル・カラシニコフは、自分の発明品がおそらく現代における最大の大量殺戮マシンになったことに遺憾の意を表した。何百万挺ものAK-47がライセンス生産されてきたが、大量生産できるように設計されているこの武器は、無許可の製造者によってそれ以上の数がコピー生産された（そして現在も生産されている）。金メッキやクロムメッキ仕様のバージョンも製造されているが、世界中で民兵やテロリスト組織、子ども兵士が手にし、何百万人もの人を殺害しているのは、多くが安価なコピーである。

キー・トピック
金属製機関部（レシーバー）

最初の設計では機関部をプレス加工で製造したが、強度に問題があることが判明した。この欠陥は、前任のロシア製モシン・ナガン小銃からとり入れた切削（せっさく）加工に変更することで克服した。こうした変更により、赤軍への支給は1956年までずれこんだが、AK-47を現在のような信頼性の高い武器にするためには重要なことだった。

[A] 合板製固定銃床
[B] ガスチューブ
[C] 安全、連射、単射の３つに切り替え可能な安全装置
[D] 特徴的なバナナ型の30発入り弾倉
[E] 調整可能なアイアンサイト、有効照準距離800メートル
[F] 合板製ハンドガード
[G] 原型AK-47のピストルグリップは鋼鉄製だが、後継型は多くが木製
[H] 銃身下の固定金具は、ナイフ型銃剣や40ミリグレネードランチャーをとりつける際に使用

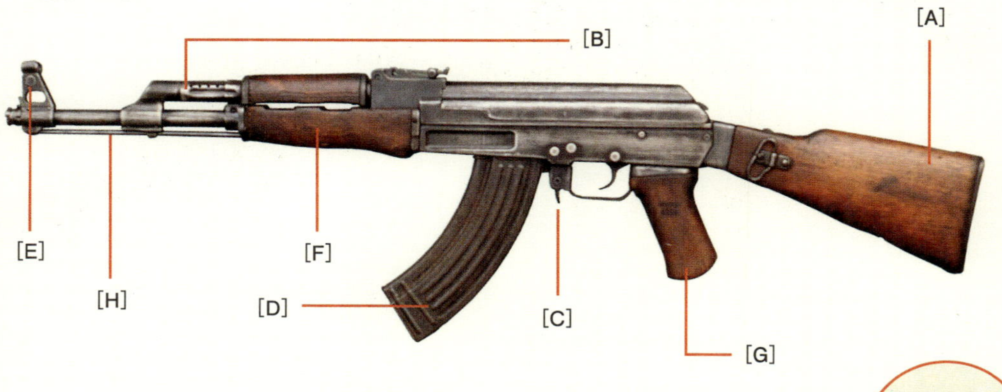

40

発明者：

ウジエル・ガル

ウージー

タイプ：

短機関銃

社会的

政治的

戦術的 ■

技術的 ■

「おれの銃を見せてやろう――ウージーはやたらに重い／
それは、おれが社会の敵(パブリックエネミー)ナンバーワンだからだ」

1949年

パブリックエネミー『おれのウージーはやたらに重い（My Uzi Weighs a Ton）』

ふたつの銃はまったく異なって見えるが、ウージーはトンプソン短機関銃（138ページ参照）と多くの点で共通している。どちらもみごとな設計の人気の高い短機関銃であり、どちらもギャングスターやアクションヒーローのトレードマークになり、またどちらも自身の真価によってハリウッドスターになった。そしてやはりどちらも、さまざまな戦域の異なる戦争でその価値を証明し、どちらも史上もっとも象徴的な小火器として名をつらねている。しかしトンプソンとは異なり、ウージーは製造コストが安く、誕生から60年たった現在も世界中で使用されている。

新国家の新武器

ウージーは短機関銃（SMG）で、これはとくに第1次世界大戦の塹壕戦の要求から生みだされた銃種だったが、近距離での大量の火力が、遠距離をカバーできる強力な火力とすくなくとも同じ程度に重要だということが兵士や軍事戦略家に理解されるにつれ、人気が高まった。こうして第2次世界大戦終結までに、SMGは兵士の装備に不可欠な――おそらく伝統的な肩撃ち銃よりはるかに有益で重要な――要素とみなされるようになった。

終戦後まもなく、1948年にイスラエルが独立すると中東は戦争に突入し、イスラエルはすぐさま近隣アラブ諸国に四方八方から攻撃された。結成したてのイスラエル国防軍（IDF）はよせ集めの余剰軍用品の武器で侵入を撃退していたが、避けられそうにない今後の紛争では、より信頼性のある武器の安定的な供給を確保する必要があることを悟った。そこでIDFが新型SMGの設計を依頼したところ、最有力候補はウジエル・ガル中尉が考案し、自身の名をつけた銃だった。

ガルのウージーSMGは、おそらく既存のSMGに着想を得たものだったのだろう。もっとも影響を受けたのは一般に、サモパル23/25としても知られるチェコスロヴァキア製CZ23とその派生型CZ25と考えられており、ウージーの設計上の主要な特徴を多く見つけることができる。しかしCZ23がデビューしたのは1948年で、それはガルがウージーを設計した年であり、彼がどのようにしてCZ23を見ることができたかはさだかではない。ひょっとしたら試作銃を知っていたか、もしくは類似した特徴をもつイギリス製SMGを見たことがあったのかもしれない。

CZ23は9ミリ実包を発射し、ラップアラウンド式ボルトをそなえ、弾倉はグリップの底から挿入する設計になっており、いっぽうCZ25は金属製折りたたみ式銃床がついていた。このすべてがウージーの特色となっていた。ラップアラウンド式ボルトは一部が伸縮し、銃身後端をすっぽり包みこむようになっているため、弾道を不安定にすることなく、銃全長を短くできる。また中空のピストルグリップに箱型弾倉を挿入する設計もやはり、武器をよりコンパクトにするのに役立つうえ、重心が中央にくるため連射時の反動が相殺され、銃のコントロールが容易になるという利点がある。ウージーは、一般的な拳銃用弾薬の9ミリパラベラム弾を使用した。これはSMLE

やスプリングフィールドのような肩撃ち銃に使用される.30-06実包ほど威力はないが、近距離での阻止能(ストッピングパワー)が最大になった。ガルの設計にはそれ以外にも利点があった。頑丈かつシンプルで、量産の容易な構造とプレス加工のボディをもつほか、砂塵が入りにくく機構が汚れない設計になっていたので、中東の自然条件下でも長持ちし、信頼性が高かった。

1950年、IDFはガルのウージーを開発することに決め、1952年にガルの名で特許を取得したが、製造権は国有会社のイスラエル・ミリタリー・インダストリーズ（IMI、現イスラエル・ウェポン・インダストリーズ）に譲渡された。1954年に運用が開始され、1956年のスエズ出兵で実戦投入された。銃は脱着式の木製銃床タイプか、よりなじみのある金属製の折りたたみ式銃床タイプのいずれかが支給された。

ネゲヴ砂漠で、木製固定銃床がついたウージーを手に警備にあたるイスラエル兵。

アクションスター

ウージーはイスラエル兵のあいだで人気と尊敬を集め、この中東国家の存在意義を賭けた一連の戦争でその価値を証明した。1967年の六日戦争では空挺部隊が、コンパクトな速射SMGにうってつけの環境の市街戦でウージーを使用し、戦果をあげた。エルサレム旧市街の争奪戦ではじめて戦争を経験したある空挺部隊員は、ウージーを発射して敵を殺害した体験を生々しく描写している。大男のヨルダン兵と顔をつきあわせたときのことを、兵士はこうふりかえる。

> **2分の1秒間ほど視線を合わせ、そこにはほかに誰もおらず、相手を殺すかどうかは自分しだいだとわかった。すべて終わるまで1秒もかからなかったはずだが、それは頭のなかにスローモーション映画のように焼きついている。腰だめで撃つと、弾丸が相手の左側約1メートルの壁にあたって砕けちったが、いまでもそのようすをはっきりと思いだせる。ウージーをゆっくり、ゆっくり動かし、敵兵の身体に撃ちこんだように思った。男はひざからくずれ落ち、それから頭をあげた。ひどい顔で、苦痛と憎しみ、そう、まさに憎しみにゆがんでいた。ふたたび発砲すると、今度はどうも頭にあたったようだった（…）気づくと、弾倉の弾丸すべてを男に撃ちこんでいた。**

1958年の独立記念日に、ウージーをたずさえてパレードするイスラエル兵。

同年のシナイ半島出兵のころ、IMI社はベルギーのメーカーと、ウージーのライセンス生産を許可する契約を結んだ。量産により、銃はより安く、またより広く手に入るようになり、世界中で大きな成功をおさめた。200万挺を超えるウージーが生産され、多くの派生型やコピーは約1000万挺にのぼる。現在はミニウージーやマイクロウージーもつくられ、VIPの警護にあたるシークレットサービス・エージェントやボディガードに好まれている。いっぽうウージーの国際バージョンには、ソシミ・タイプ821（イタリア）、ERO（クロアチア）、ステアーTMP（オーストリア）、FMK Mod2（アルゼンチン）、MGP-15（ペルー）、スターZ-84（スペイン）、BXPとSanna77（南アフリカ）などがある。

ウージーが、世界中で名前を聞いただけですぐにそれとわかる数少ない銃のひとつになれたのは、ウージーや同様の武器（派生型のMAC-10など）がアメリカのギャングスターやラップ文化にとり入れられたからでもある。ウージーはハリウッド映画にもくりかえし登場して、さらにいっそう知られるようになり、おそらくもっとも印象深いのは1984年の『ターミネーター』だろう。

41

発明者：

ノーマン・マクラウド

M18A1クレイモア対人地雷

社会的
政治的
戦術的
技術的

タイプ：
爆発装置

「つねに勇敢で、けっして眠らず、けっして失敗しない」

クメールルージュ将官、地雷を評して

1956年

クレイモア地雷は世界でもっともよく知られ、もっとも広く生産されているもっとも危険な地雷のひとつである。武器に分類され、どの戦争にせよかならずしも決定的役割をはたすわけではないが、歴史に登場したほぼすべての武器のなかで、一般市民にもっとも広範かつ持続的な影響をおよぼしている。

足もとから訪れる死

地雷は中世の攻城術にその起源をさかのぼり、当時、土木工兵（壕や対壕を掘る工兵）は要塞や敵陣地の下に坑道や立坑を掘り、そこに爆薬をつめて爆発させた。現代の意味での地雷は、13世紀の中国の火薬をつめた地雷と、アメリカ南北戦争で配備された機械的に爆発させる地雷に歴史的前例がみられる。しかし地雷が軍事的に重要視されるようになったのは、第１次世界大戦末期に戦車が登場してからのことだった。機動機甲部隊の導入は攻撃側と防御側との均衡をくずし、その均衡をとりもどすために対戦車地雷が使われた。

第２次大戦中、アメリカ兵が「はねるベティ」とよんで恐れたドイツの「跳躍」地雷。

こうした初期の地雷は粗雑で、爆薬を入れた木箱に単純な圧力信管をとりつけただけのものが多かった。しかし第２次世界大戦開戦までに、とくにドイツは地雷技術を大幅に進歩させており、この戦争では、対戦車地雷と対人地雷の２種類の地雷が何億個も敷設された。後者は1997年の対人地雷禁止条約で「人の存在、近接および接触によって爆発するように設計され、ひとりあるいは複数の人を無能力状態にしたり、負傷させたり、殺害したりする地雷」と定義されるもので、これはおもにドイツ軍が、連合軍が対戦車地雷を除去したり地雷原を処理したりするのをさまたげるために使用した。もっとも恐れられたのがS−マイン（シュプリンゲンミーネ）とよばれる跳躍対人地雷で、作動すると、胸の高さまではねあがってから榴散弾をつめたキャニスターが爆発し、破壊的な影響をおよぼした。ほぼまちがいなく、これがクレイモア地雷の祖先である。

第２次大戦で全戦車のじつに30パーセントを損傷・破壊して多大な影響をあたえたのは対戦車地雷だったが、戦後の世界に大きな負の遺産を残すことになったのは対人地雷だった。第２次大戦ではソ連軍だけで２億個の地雷を敷設したといわれ、その後の紛争において地雷は、軍の戦術的目的にとってだけでなく、一般市民に対するテロ行為にとっても重要な道具になり、さらには、広大な地域を永久に農業的にも経済

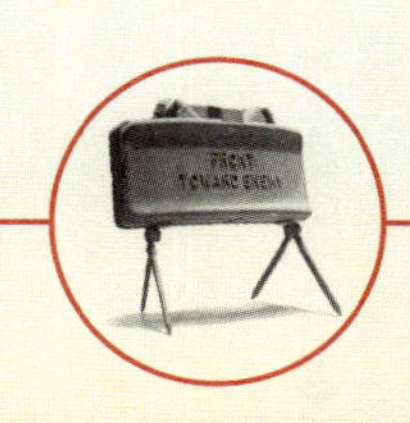

的にも不毛な土地に変えている。つまり、地雷は政治的武器となったのである。

何億個という地雷が敷設され、膨大な数が処理されることなく、またきちんと記録されることさえなく放置されている。ユニセフ（国連児童基金）によれば、すくなくとも1億1000万個の地雷が世界中で地面に埋まったままになっているという。また地雷監視団体ランドマイン・モニターによると、66カ国と国際的に認定されていない7つの地域が、地雷被害地と確認されているか、もしくは疑われるという。地雷による死者数を推定するのはとてもむずかしいが、1975年以降、すくなくとも100万人が地雷に吹き飛ばされている。人に被害をもたらす対人地雷への嫌悪感が、1997年の対人地雷禁止条約の採択につながり、現在156カ国が加入している。残念ながら、この条約には、世界の主要軍事大国のほとんどがくわわっていない。アメリカ、中国、インド、イラン、パキスタン、ロシアなどの国々は、その大半が積極的な地雷生産こそ中止しているものの、加入にはいたっていない。2012年までに、条約が採択されたことにくわえ、地雷除去団体や慈善団体のおかげもあって、地雷による死傷率は1日約10人と、1999年より60パーセント減少した。

この面を敵に向ける

世界中でいまなお広く製造されている地雷が、クレイモア対人地雷（またはその派生型）である。この地雷はおもに、接近する敵兵を打ち倒すのに使用する防御用武器として設計

実弾射撃訓練中、クレイモアの訓練をするアメリカ海兵隊員。

されている。クレイモアは幅広で奥行きがなく、くぼんだ面を敵に向けるようになっている（太字で「この面を敵に向ける」と書かれていることで有名）。プラスティックのケーシングには、樹脂基体で裏当てしたC4爆薬と、直径３ミリの鋼球が700個つめられている。電気式起爆装置により信管が作動すると、地雷は爆発し、鋼球を扇状に発射する。有効加害範囲は50メートルで、うつ伏せになった人に命中する確率は最大100メートルで10パーセントである。クレイモアは通常、頂部に「穴照門」がとりつけられており、設置する際に所定の爆発範囲を調整するのに役立つ。

クレイモアは、第２次大戦中にドイツが行なったマイゼン・シュレーディン効果の研究にその起源をたどることができる。マイゼン・シュレーディン効果とは、片面がおおわれたプレート状の爆薬が爆発すると、おおわれていない面から垂直に爆発が広がる現象をいう。この発見を利用して、装甲に穴を開けるための指向性爆薬が設計されたが、この発見はさらに1950年代初頭、朝鮮戦争で中国軍とその同盟軍が採用した「人海」戦術にアメリカ兵が対抗するための武器を設計していた、爆薬研究者ノーマン・A・マクラウドにも役立った。

マクラウドは1952年、2.3キロのT-48地雷を開発した。この地雷は、指向性爆薬を使って鋼鉄製キューブを有効加害範囲12メートルまで飛散させることができた。マクラウドはこの地雷を、自分の先祖が使っていたスコットランドのロングソードにちなみ、クレイモアと名づけた。1954年、アメリカ陸軍がより軽量でなおかつ威力のある型を要望したため、マクラウドはエアロジェット社と共同で、有効加害範囲50メートルの1.6キロバージョンを製作した。これは1956年にM18として、さらに起爆機構に安全面の改良がくわえられたのちにはM18A1として陸軍に採用された。ベトナム戦争でクレイモアは、中国軍教官から人海攻撃を指南されたベトコンと北ベトナム軍に対しきわめて有効であることが判明し、戦争中、ひと月８万個以上が大量生産された。

クレイモアは世界中で評判となり、冷戦時にはロシア軍によってコピーまでされている。国際的なバリエーションには、ロシアのMON-50、中国の66式、ベトナムのMDH-C40、それにフィンランドのヴィウカパノスなどがある。小型バージョンのMM-1ミニモアはアメリカ軍特殊部隊のためにつくられたもので、鮮やかな青色で区別される訓練用は、榴散弾の代わりにBB弾がつめられている。これはペイントボール愛好家に好まれ、エアソフトBBクレイモアのような型はインターネット通販で販売されている。

42

発明者：

ヴェルナー・フォン・ブラウン

大陸間弾道ミサイル

社会的
政治的
戦術的
技術的

タイプ：

戦略核武装ロケット

1957年

弾道ミサイルはその軌道、最終着地点、よって照準を、弾道学の原理に依存する武器である。弾道ミサイルの場合、ミサイルの発射はロケットの推力によって達成されるが、燃料がつきてエンジンが停止するか切り離されたあとには、ミサイルは放物線軌道を描いて飛翔しつづける。これが、ヴェルナー・フォン・ブラウンのV-2とナチの報復兵器計画（154ページ参照）の背後にあった原理であり、現代の大陸間弾道ミサイル（ICBM）のほとんどの特徴を先どりしていた。

ミサイルかロケットか

厳密にいえばミサイルとは、原始人が放り投げた石から、複合弓によって射られた矢にいたるまで、空中を飛ぶあらゆる物体をいう。しかし現代軍事用語では、「ミサイル」とは一般に誘導自己推進武器をさし、いっぽうロケットは無誘導自己推進武器のことをさす。この区別はともするとあいまいになる。ほとんどのミサイルは推進方式という点ではロケットであり、さらにICBMは、無誘導ロケットが進化して高精度誘導システムをもつようになったものだからだ。

V-2は単段式の比較的小型のロケットで、最高高度がわずか97キロほどだったため、最大射程は約322キロにすぎなかった。現代のICBMは多段式で、地球を周回するほどの射程をもつ。たとえばミニットマン3は、アメリカで現在運用されているICBMだが、最高速度がマッハ23で、最高高度は国際宇宙ステーションが周回する軌道のほぼ3倍の1127キロに達し、射程は9656キロを超える。

1980年代後期、サイロに格納されたミニットマンⅢICBMを点検するアメリカの航空技術者。

1958年、ケープカナヴェラルでのアトラスミサイルの試射。アトラスはアメリカ初のICBMだった。

ミサイル・ギャップ

第2次世界大戦後、アメリカはソ連が独自の核兵器をはやばやと開発したことに衝撃を受けたものの、爆撃機能力においては優位にあったことから、ソ連との核対決にも打ち勝てるとたかをくくっていた。しかし1957年、ソ連は獲得したナチのV-2計画に一部もとづくロケット技術を応用して、最初のICBMの試射に成功した。その年のうちに、ソ連は同じロケットを使って、人工衛星スプートニク1号（比較的重いペイロード）を、続いて2号でライカ犬を宇宙に打ちあげた。アメリカはようやくロケット開発をおろそかにしていたこと、そしてソ連がいまや場合によっては自分たちをしのぐ第一撃能力を手にしていることに気がついた。米政府は「ミサイル・ギャップ（ミサイル技術の格差）」パニックにとらわれ、ヴェルナー・フォン・ブラウンがじきじきに指揮をとり、ロケット計画が加速された。1960年の大統領選挙戦で、ジョン・F・ケネディはこう宣言した。「宇宙の支配は今後10年間で決定されるだろう。過去数世紀のあいだ、海を支配した国々が大陸を支配したように、ソ連が宇宙を支配すれば、彼らは地球をも支配できる」

「ワイオミング州東部の小さなアメリカ空軍軍事施設で、わたしは電子制御卓に座り、いつでも核の地獄を解き放つ準備ができていた。目の前には、60年代のフリップスイッチと現代のデジタルディスプレー画面が奇妙に融合した代物があった。それは大陸間弾道ミサイル、すなわちICBMを発射するための制御卓だった」

ワイオミング州シャイアン駐留、アメリカ空軍第321ミサイル中隊所属、ジョン・ヌーナン大尉『核サイロでは、死神はぬくぬくと毛布にくるまっている（In Nuclear Silos、Death Wears a Snuggie）』、WIRED.COM、2011年

弾道ミサイルの種類

すべての弾道ミサイル（BM）が大陸間を飛翔するわけではない。下の表は、BMの種類とその射程を示したものである。

種類	頭字語	射程
戦場射程	BRBM	200キロ以下
戦術	TAC	150～300キロ
短距離	SRBM	1000キロ以下
戦域	TBM	300～3500キロ
準中距離	MRBM	1000～3500キロ
中距離または長距離	IRBMまたはLRBM	3500～5500キロ
大陸間	ICBM	5500キロ以上

このころにはロッキード・マーティン社がアメリカ初のICBMロケット、単段式アトラスDを開発しており、1959年に実戦配備されていた。アトラスDにはロケットが切り離されたあと、地球の成層圏に再突入するよう設計された、核弾頭を装備した再突入体を搭載していた。これと並行してタイタンICBMの研究も始動しており、この２段式ICBMは1962年から1965年にかけて運用され、1965年にタイタンⅡに更新された。アトラスとタイタンⅠは、燃料に極低温冷却された液体推進剤を使用していたが、これは危険なうえ保存がむずかしく、発射直前でなければロケットに注入できなかった（よって緊急発射は不可能）。それに対しタイタンⅡは、極低温貯蔵の必要のない常温保存できる推進剤を使用した。ミニットマンミサイルはのちに、ミサイル本体に永久保存できる固体燃料方式に改良され、これにより数分で発射が可能になった。推進剤と射程にならぶほかの主要な進歩は、向上しつづける命中精度と個別誘導複数目標弾頭（MIRV）だった。MIRVが搭載されたことで、１基のミサイルが複数の距離の離れた目標に対し、複数の弾頭を同時に発射することが可能になった。

1975年、カリフォルニア州ヴァンデンバーグ空軍基地から発射されるタイタンⅡ ICBM。

1974年、兵器制限条約に署名するジェラルド・フォードとレオニード・ブレジネフ。

おかしな世界

核武装ICBMが戦略にもたらした影響は甚大だった。当初、超大国は第一撃能力で相手にまさることを目的に軍備を増強していたが、じきに明らかになったのは、いずれの陣営も、第二撃（報復攻撃）能力の一部としてさえも、相手を全滅させてありあまるほどのミサイルを保有していることだった。このことは、1961年に導入されたポラリスのようなICBMが潜水艦に装備されたときに確証されたが、これはつまり、相手側の報復攻撃能力を完全に消し去ることは不可能だということだった。

米ケネディ政権時代、両陣営が保有する核弾頭の破壊力そのものが、より包括的な核抑止力ドクトリンの一部をなす相互確証破壊（MAD、マッド）ドクトリンの成立をもたらした。これはICBMを必要不可欠な道具として、敵に攻撃を思いとどまらせ（相手から黙示録的報復を受けることになるので）、同時に自国側も、敵が同じ核戦力を保有しているため攻撃を行なわないという戦略である。双方がすでにMADを達成するのに十分な火力を保有していたので、さらなる核兵器開発の必要性はおのずと限界に達した。超大国間の会談は、戦略兵器制限交渉（SALT）と戦略兵器削減条約（START）につながり、さらに冷戦の終結によって、ICBMの必要性はより減少することになった。それにもかかわらず、ICBM能力を有する国家の数は依然として高い水準にあり、大陸を横断できる短距離弾道ミサイルがイラン、イラク、イスラエル、北朝鮮のような国々によって現在保有されているか、過去に保有されていたことがあった。

いつでも機能できる状態

ICBMがまねいたある奇妙な結果は、第一撃に耐えられる秘密のミサイルサイロ（ミサイル格納施設）を建設する必要があったことで、このサイロには、即座に核攻撃を開始できるよう警戒態勢で待機する発射要員が配置されていた。抑止力ドクトリンは、こうした発射要員の完璧な準備態勢に依存するいっぽうで、彼らがけっしてその職務をはたすよう命じられることはないことを前提としていた。1959年の著書『ミサイル時代の戦略（Strategy in the Missile Age）』のなかで、バーナード・ブロディはこの状況にともなう問題をこう指摘している。「システムを永久に使用しないのに、それがいつでも機能できる状態にあることを期待する」

サイロでの生活は奇妙なもので、退屈だがストレスが多く、平穏だがきわめて危険だった。1964年から1987年まで運用されたタイタンⅡのような初期のICBMは、事故を起こしやすく脆弱だった。アーカンソー州ダマスカス近くのサイロで発生した事故では、格納していたタイタンの上に技術者があやまってレンチを落とし、燃料がもれて爆発が起こった。弾頭がサイロから飛びだしたものの、幸いにも爆発せずことなきをえた。

軍事科学

弾道学——発射体の進路の研究、ひいては運動の科学——は、武器と科学が交わるもっとも重要な交点になっている。軍事的観点からみれば、弾道学は、初期の大砲から弾道武器の権化ICBMにいたるまで、より命中精度の高い効果的な武器の開発を導くうえで必要不可欠なものである。そしてその重要性はおそらく、科学の観点からすればさらに重要なものになるだろう。というのも弾道学の追究は、ニコロ・タルターリアのような数学者が投射兵器に関心をいだいたことにはじまり、続いてガリレオの落下物体にかんする画期的な研究、さらにそこからニュートンの万有引力の法則、そして科学革命の到来へと直接つながっているからである。

ケープカナヴェラルでの試射前、発射台にすえられたポラリスミサイル。ポラリスは潜水艦発射ミサイルとして、もっとも重要なものになった。

43

発明者：
ユージーン・ストーナー

M16小銃

タイプ：
突撃銃（アサルトライフル）

社会的
政治的
戦術的
技術的

1959年

M16はどのような形にせよ、アメリカ軍のほぼすべての部門で標準仕様の軍用小銃となっている。一般に世界最高の突撃銃（アサルトライフル）のひとつとみなされ、技術的にはAK-47をしのぐM16とその派生型は、アメリカ軍史上もっとも長く就役する標準仕様小銃である。それでもこの武器には、過去100年に登場したほぼすべての小銃のなかでもっともやっかいな歴史と評判があり、発明から50年以上たった現在も論争が続いている。

ブラックライフル

M16の起源は、朝鮮戦争後にアメリカ軍部内でまきおこった激しい論争にたどることができる。アメリカ陸軍が設立したオペレーションズ・リサーチ・オフィス（ORO）委託による報告書は、アメリカ兵によるもっとも成功した射撃は近距離からのもので、慎重な照準の成果ではなかったため、平均的な兵士の命中率をあげるには、１発の大口径弾を複数の小口径弾に置きかえるのが最善の策であると結論づけた。この結論にもとづいて行動を起こすには、アメリカ陸軍で支配的な小銃設計の基本方針をみなおし、開発したばかりの軍用小銃、ガランドM1の子孫であるM14を更新する必要があった。

そこでひとつの解決策が、武器製造業者アーマライト社のユージーン・ストーナーによって考案された。ストーナーのAR-15は比較的小口径の.22弾を発射したが、新処方の発射薬をもちいることでとてつもない初速を達成していた。M14が発射する7.62ミリ弾の初速が毎秒853メートルだったのに対し、.22弾は毎秒1000メートルだった。運動エネルギーは不つりあいなほど質量より速度に依存するので、このより高速な発射体は、質量を減らしているにもかかわらずきわめて高い貫通力を実現し、さらに小型で軽量な弾薬は、兵士がそれだけ多く戦闘に携帯できるほか、弾倉により多くつめこむこともできた。この新型の弾丸を発射するため、ストーナーは軽量で未来的な銃を設計した。その銃は付属品にプラスティックを使用していたことから、「ブラックガン」とよばれた。

この新型小銃には多くの利点があった。まず小口径弾のため反動が小さかったので、射撃がしやすいうえ命中精度も向上し、兵士の体型に関係なく使用できるようになった。また銃の形状と反動の小ささとがあいまって、フルオートで連続発射する際でも目標をとらえやすくなった。重要なことに、この銃は最大のライバルよりはるかに軽量で、M14が8.5キロだったのに対し、AR-15小銃は120発装填してわずか５キロだった。1962年、AR-15の試作銃がベトナムに送られ、南ベトナム軍によって射撃試験が行なわれた。その結果、好ましい報告が得られたことが後押しとなり、アメリカ陸軍はM14をすてて、かわりにAR-15を採用し、あらたにM16と命名した。こうしてM16は1967年、アメリカ陸軍の標準小銃となった。

排莢不良

残念ながら経費削減策の結果、軍部は新型武器をすっかりだいなしにしてしまった。こ

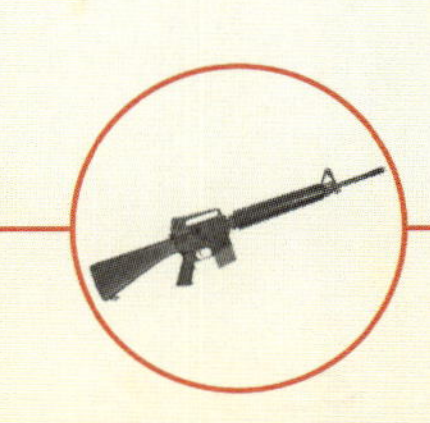

の銃の弾薬に使う発射薬は、安価で純度の低い残滓の多い型に置きかえられ、さらに、重要な機構部分を保護する高価なクロムメッキもとりやめになったのである。1959年にこの設計の権利を取得していたコルト社は、あまり手のかからない「自動クリーニング」銃として積極的に売りこんでおり、そのため新型小銃には清掃用具一式が支給されず、清掃の訓練もいっさい実施されなかった。しかしこれはM16のきわめて重大な欠陥で、かなりの高さの作動不良（ジャミング）率に悩まされることになった。なかでも最悪なのが「排莢不良」で、これは発射後、空の薬莢が薬室から排出されないことをいう。ジャミングを解決する最善の方法は、つき棒を銃口から銃身に押しこむことで、ニューヨークタイムズ紙はそれについてこう評している。「ようするに現代のアメリカの突撃銃は、単発式マスケット銃によく似ているということである」。以前は機密扱いだった1967年以降の陸軍の記録によれば、1967年にアンケートに答えた1585名の兵士の80パーセントが、射撃時に故障を経験していた。

M16にかんするもうひとつの深刻かつ根強い不満は、阻止能（ストッピングパワー）が十分でないと考えられていることだった。小口径弾は大きな運動エネルギーを生みだすため、敵の防弾を破れたが、アメリカ兵がベトナムやイラク、アフガニスタンでよく対峙した軽装の敵に命中した場合には、弾丸はしばしばレーザーのようにまっすぐ貫通することが多かった。

初期のM16を実際に使ってみてわかったこうした問題に対する抗議はとても激しかったので、議会によって調査が行なわれ、ただちに対応策がとられた。その結果、より純度の高い発射薬が使われ、機関部分のクロムメッキも再導入された。兵士は小銃の清掃の仕方を訓練し、清掃用具一式を支給された。ベトナム戦争が終結するころには、M16A1は成熟した信頼性の高い武器になっていたが、1983年、M16A2に更新された。M16A2は銃身をより肉厚にし、改良型の消炎器とリアサイトをそなえ、擲弾発射器（グレネードランチャー）も装着可能だった。M16A2は、今度はM16A4にとって代わられ、これには暗視照準器のような付属品の着脱を容易にするレールが装備されていた。M4として知られるカービン（短銃身の軽量バージョン）もまたきわめて人気が高く、アメリカ軍で広く使用されるいっぽう、M16シリーズはこれまで40カ国以上で採用されている。1959年以降、すくなくとも8つの製造業者が、1000万挺を超えるM16シリーズとその派生型をライセンス生産しているが、それでも、この小銃は依然として物議をかもしている。

第三者の評価

ジャミングと、阻止能が不十分という評価はいまなお根強い。たとえば「センパー・ファイ」と名のる匿名の海兵隊員は2005年、イラクでの服務期間を終えたあと、M16は兵士には不評だと書いている。

> **「あの土地のタルカムパウダーのような砂のせいで、慢性的にジャミングを起こす。あそこはどこもかしこも砂だらけだ（…）M4カービンバージョンは軽量で銃身が短いのでより人気があるが、ジャミングを起こすのは変わらない。さまざまな照準器やウェポンライトを（…）レールに装着できるのはみな気に入っているが、武器自体は砂漠環境にはあまり向かない。兵士はみな5.56ミリ弾を嫌っている。あの辺に多いシンダーブロックの建造物には貫通しづらいし、**

1990年代、M16を手に訓練するアメリカ海兵隊員。海兵隊はM16A2を最初に採用したアメリカ軍の部門で、問題の多いA1型の改良を執拗に求めていた。

胴に命中しても、敵を確実に倒せるとはかぎらないからだ」

この報告は、M16について一般の人びとがもちつづけているイメージの典型だが、軍部による慎重な調査は、この悪評の事実的根拠に疑問を投げかけている。2006年のアメリカ海軍分析センターによる調査では、兵士の75パーセントがM16に、また89パーセントがM4に「総合的に満足」と報告していることがわかっている。さらにこの調査からは、兵士の19パーセントが「敵と交戦中に故障」を経験したことも明らかになっているが、M4から800万発以上を発射して行なった陸軍の試験では、平均故障率は3600発（弾倉120個分に相当し、１度の服務期間で多くの兵士が発射する弾数を上まわる）あたり１回以下であることが判明した。陸軍物資司令部のM4開発管理者のダグラス・タミリオ大佐は、M16の派生型の信頼性は「世界のどの突撃銃とも互角である（…）データは系統的問題が存在しないことを示している。耳にする信頼性の問題は、兵士ではない人びとから聞こえてきている」と述べている。M16の最大の強みのひとつは、設計がきわめて柔軟なため、たえまなく更新と改良をくりかえせる、頑丈で定評のあるプラットフォームになっていることだ。たとえばタミリオによれば、1990年代初頭に導入されて以来、M4カービンは62個所以上の改良が設計にくわえられたという。

44

発明者：

ソ連陸軍

RPG-7ロケット推進式グレネードランチャー

社会的

政治的

戦術的

技術的

タイプ：

対装甲武器

1961年

RPG-7はこれまででもっとも成功をおさめたロケット推進式擲弾発射器(グレネードランチャー)である。デビューから50年以上たった現在も、50カ国以上で運用されつづけているほか、多くのテロリストや武装集団のお気に入りの武器でもある。この比較的単純な武器は、非対称戦争の重要要素として重大な地政学的影響をおよぼしてきた。しかしほとんどの人がこの武器について知っていると思っていることで、ひとつだけまちがっているものがある。それは、「RPG」がすくなくとも当初は「rocket-propelled grenade(ロケット推進式グレネード)」ではなく、ロシア語の「ruchnoi protivotankovy granatamyot(手持ち型対戦車グレネードランチャー)」を表していたことである。

対戦車

第1次世界大戦に戦車が出現すると、塹壕戦の膠着状態が打開されるとともに、機甲部隊と歩兵との均衡が永久にくずれるおそれが出てきた。戦闘可能な機動機甲部隊は対応策を求め、ドイツ軍は第1次大戦では大口径のボルトアクション小銃を利用して急場をしのいだが、第2次大戦までに、対戦車武器はより幅広い選択肢から選べるようになっていた。装甲を破るひとつの方法は運動エネルギーを利用することで、つまりなにか重いものを、装甲をつき抜けるほど高速で発射することである。これには重火器が必要になる。ほかのおもな方法は、あたった瞬間に装甲を貫通するよう特別に設計された爆薬を使用することだ。金属で内張りした中空の指向性爆薬は、爆発すると、内部の溶けた金属が爆発エネルギーによって針のような流れ、すなわちジェットとなって装甲を貫通する。これは現在も対戦車榴弾(HEAT)に利用されている方法である。

HEATは比較的小口径の擲弾で発射することができたので、携帯式の擲弾発射システムを開発することが可能だった。この武器にロケット方式が好まれたのは、ロケットは自己推進するため、発射筒に反動が生じないからだ。アメリカはバズーカ、イギリスはPIAT、そしてこの分野をリードするドイツはパンツァーファウストで成功をおさめていた。パンツァーファウストは比較的製造コストが安価で簡単につくれるうえ、操作も容易だったので、ドイツ軍全体に大量に配備された。いまや歩兵ひとりひとりが戦車を破壊する火力を

1944年にアンツィオで、鹵獲したドイツ軍のパンツァーファウスト対戦車兵器を調べるイギリス軍将校。

2013年、RPG-7の訓練をするアフガン国民軍の兵士。RPG-7はアフガン交戦圏で非常になじみのある武器であるため、国民軍は制式採用した。

手にしていた。ロシアは当初パンツァーファウストへの対応策がなかったが、ドイツの設計に改造をくわえて一連のRPGグレネードランチャーを製作し、その完成型RPG-7が1961年に導入された。

筒による発射

ロケット推進式グレネードランチャーは、本質的にはロケット擲弾を収納する筒で、発射の際には、ある程度の命中精度を達成できるくらいの方向性をあたえる。ロケット擲弾を発射するための引き金が必要で、また排気ガスを放出させるため、尾部が開いていなければならない。照準器が固定装備されていることもあれば、暗視照準器のようなより高性能な光学照準器をとりつけるためのマウントが装着されている場合もある。RPG-7は、ロケット推進式グレネードランチャーの設計者が直面していた主要な問題――ロケットの排気ガスの処理――をたくみに解決した。この武器は携帯できることに意味があるので、発射筒はできるだけ短くなければならないが、同時にロケットが筒から撃ちだされるまでにロケットモーターが燃料をすべて燃やしつくせるくらい長くなければならない。そうでなければ、排気ガスで操作者は顔に火傷を負うことになる。RPG-7では、ロケット擲弾に少量の「ブースター」発射薬がとりつけられ、

「RPGは、おそらくアメリカ兵がもっとも恐れる歩兵武器だろう。単純で、信頼性が高く、犬のふんのようにどこでも見かける」

海兵隊員「センパー・ファイ」、イラクでの戦況を説明して、2005年

ロケット擲弾を毎秒約117メートルの速度で筒から射出する。この加速により、ロケット「持続飛行」モーターにとりつけた圧電（圧力により火花が発生する）信管が作動してモーターに点火し、発射体を毎秒294メートルの速度に加速して目標へと運ぶ。持続飛行モーターは、ロケット擲弾が発射筒から撃ちだされたあと11メートルの距離で作動するので、操作者は保護されるが、ブースター発射薬からの排気ガスが筒後部から噴出するのには気をつけなければならない。射程は発射される擲弾の種類によって異なるが、最大150メートルにおよぶ。眼鏡照準器が装着されていても、発射筒自体はわずか6.3キロで、再利用も可能なため、資金不足の不正規軍にとって魅力的な武器になっている。

装甲貫徹

1961年には、RPG-7bは通常、約254ミリの厚さの装甲を貫通できるPG-7V HEAT擲弾を装弾していた。装甲車は装甲を厚くしていくことで対抗し、兵器開発競争は今日にいたるまで続いている。現代のRPGは一般に、最大300ミリの装甲を貫通できるPG-7M弾頭を使用する。1988年に導入されたPG-7VRは、爆発反応装甲（ERA）を突破するため弾頭が二重になっており、最初の弾頭でERAを爆発させ、ふたつめの弾頭で最大610ミリの装甲を打ち破る。ほかにも、対歩兵用や対掩蔽壕用の擲弾が使用されている。

RPG-7は安価かつ頑丈で、操作も簡単なうえ、広く入手可能でもある。テロリストや武装集団をふくむ多くの戦闘部隊が、技術力と兵站力で上まわる敵を相手にする非対称戦争という問題に直面している。たとえばイラクの武装勢力は、装甲車を装備し、砲兵および航空支援が自由に使える、高度に訓練された重武装のアメリカ兵と対決していた。AK-47、IED（即席爆発装置）（166および204ページ参照）とともに、RPGはこの問題への解決策なのだ。RPGを使えば、たったひとりの兵士が装甲車を破壊し、場合によっては近接支援のヘリコプターを撃墜することさえ可能になる。RPGの普及は、じつに多くの現代戦の特色となっている非対称戦争において、きわめて重要な戦術的・戦略的要素となっている。イラクを例にとれば、RPGは、アメリカ軍に人的損害をもたらした原因として、IEDに次いで第２位である。

最近のイラク戦争の前線からの報告は、RPG配備を特徴づける「シュート・アンド・スクート」戦闘をはっきりと示している。「センパー・ファイ」と名のるある海兵隊員は2005年、父親へのEメールのなかで戦況を説明し、RPGについてこう語っている。「おそらくアメリカ兵がもっとも恐れる歩兵武器だろう。単純で、信頼性が高く、犬のふんのようにどこでも見かける。敵はこっちの装甲ハンヴィーのフロントガラスを狙って、よく至近距離から反撃してきた。いまも多くの仲間が殺されている」

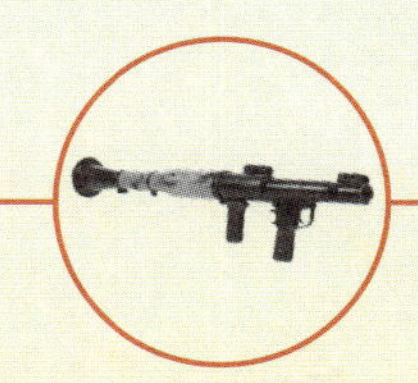

45

発明者：

ジェネラル・ダイナミクス・ランド・システムズ社

M1エイブラムス戦車

社会的

政治的 ■

戦術的 ■

技術的

タイプ：

主力戦車

「M1は驚くべき車両であり、地球上で最高の戦車である」

ポール・D・イートン陸軍少将（退役）、国家安全保障ネットワーク（シンクタンク）

1980年

M1エイブラムス戦車は、アメリカと、エジプト、サウジアラビアをふくむほかの数カ国で主力戦車として使用されている。そのすさまじい破壊力と比較的静かな走行音から、「ビースト」「ささやく死神」「ドラキュラ」ともよばれるエイブラムスは、原型のM1がM1A1に、さらにはM1A2と、いく度かアップデートされてきた。アップデートはシステム拡張パッケージ（SEP）を使用して行なわれ、最新型はM1A2SEPv2である。数百両のM1A2とともに、8800両を超えるM1とM1A1が生産されたが、数百両の旧式モデルが最新仕様にアップグレードされている。

ガソリンの大食い

エイブラムスは世界最高の戦車と広く認められ、戦車キラーという本来の戦場での役割においてもならぶものがないことを証明している。しかしその経済的、政治的、社会的側面をめぐる論争はますます泥沼化しており、さらには将来の役割と長期的妥当性にも疑問を投げかけられている。M1エイブラムスの苦難は、戦車の将来と未来の戦争全般の性質について多くのことを明らかにしている。

エイブラムスは、戦車の設計と機能のほぼすべての側面においてすぐれている。途方もなく威力があり、高速で、機動性が高く、重装甲で防護され、また高性能兵器で武装し、最先端の火器管制装置を装備している。戦車の中心にはガスタービンエンジンが搭載され、これは、通常のレシプロエンジンより出力重量比が高い。M1A1はハネウェルAGT1500ガスタービンエンジンと、アリソンX-1100-3Bトランスミッション（前進４速、後進２速）を採用している。M1A2にはアップグレードしたLV100-5ガスタービンエンジンが搭載されており、ジェネラル・ダイナミクス・ランド・システムズ社によれば、このエンジンは音が静かで目に見える排気を出さない（探知される危険が低下）が、それでいて7.2秒で０キロから時速32キロに加速し、クロスカントリーでも時速48キロで安定して走行できるという。難点は燃費の悪さで、高性能デジタル燃料制御装置が装備されているにもかかわらず、１ガロン（約3.8リットル）あたりの走行距離は１マイル（約1.6キロ）以下である。そこそこの距離を走行するには、容量1855リットルという巨大な燃料タンクをとりつけなければならない。エイブラムスは１回の給油で426キロ走行が可能である。

M1A1は高性能セラミック装甲を装備していたが、A2は劣化（非放射性）ウラン装甲を採用してさらに強化され、装甲厚は鋼鉄の2.5倍以上になっている。このため戦車の総重量は65トンに増加している。エイブラムスにはまた、煙幕生成能力はもちろん、HEAT弾（191ページ参照）の徹甲メカニズムに反撃するよう設計された爆発反応装甲タイルもそなわっている。

主砲は強力なラインメタル社製120ミリ滑空砲M256で、この砲は４キロの距離から建物を倒壊させることができる。滑空砲は命中精度でおとるが、初速は向上するため、とくに装弾筒つき安定徹甲弾（サボ弾）を発射する際に威力が増す（装弾筒［サボ］でおおわれた高密度で重い針のような劣化ウランの「侵徹体」が高速に加速され、発射直後に装弾筒がはず

エイブラムス戦車が主砲の120ミリ砲を発射するのを、上から見たところ。

れると、弾丸のすべての運動エネルギーが侵徹体に集中する）。

エイブラムスの戦車砲は、現在敵対するすべての戦車の装甲を貫通でき、ほかのどの主力戦車よりも命中率と破壊率が高い。この戦車をとりわけ恐ろしいものにしているのは、目標を捕捉し攻撃する高性能火器管制装置である。赤外線映像装置や統合戦場情報システム（衛星画像、ほかの戦車、情報機関の報告、レーダーなどさまざまな情報源からの情報をまとめる）を採用して、遠距離から目標を捜索するいっぽう、不整地を走行中でも、ほとんどの戦車とは異なり、正確な射撃ができるという非凡な能力もそなえている。

戦場での実地試験

M1エイブラムスは1978年までに開発され、1980年に運用が開始されたが、10年以上実戦投入されなかった。1991年の湾岸戦争では、2000両近くのM1A1が戦域に配備されたものの、実戦経験のほとんどない戦車が過酷な砂漠での戦闘や、ソ連の最新型戦車をふくむイラク軍機甲部隊の脅威に耐えうるのか懸念が広がっていた。だが結果的に、M1A1はこの試験にみごとに合格した。全戦車のうちわずか18両が廃車になったが、一部の報告によると、敵の戦車の砲撃によるものは1両もなかったという。ふたを開けてみれば、エイブラムスが恐れなければならなかった唯一の戦車はほかのエイブラムスで、7両が味方からの誤射により破壊されていた。それにもかかわらず、この戦争でエイブラムスの乗員はひとりとして失われず、エイブラムスは90パーセントの作戦即応性を維持した。

エイブラムスは2003年のイラク戦争でふたたび戦闘にくわわり、やはり従来型の対戦車兵器にはほぼ無敵だったが、それに続く反乱や紛争は、モデルの長期的な有用性と、おそらく戦車戦そのものに深刻な疑問を投げかけた。主力戦車の本来の役割はほかの戦車を破壊することだが、そもそも戦車は、装甲車と組織化された部隊を装備した従来型の軍隊どうしの武力衝突において、もっとも有用である。問題は、アメリカ軍部でさえ、こうした状況がふたたび起こるか予測できないことである。「今後、まったくの従来型の戦争がふたたび起こるとは思わない」とレイ・オディエルノ陸軍参謀総長は2012年はじめ、議会の聴聞会で語った。かわりに、エイブラムス戦車をふくむ欧米軍が直面しているのは、不正規戦、ゲリラ戦、非対称戦争であり、そうした戦争では、敵は装甲車をほとんどかまったく保有していないため、戦車戦は存在せず、公然の戦場もほとんどなく、敵はIED（即席爆発装置）やRPGを使って攻撃してくる。たとえばイラクとアフガニスタンでは、エイブラムスはIEDによる攻撃を大々的に受け、車体の下の、装甲がもっとも脆弱な部分が狙われた。イラクでは多くのエイブラムスが、第２次世界大戦後期のドイツ軍のティーガー重戦車と同じような状況になり、塹壕に隠して、きわめて高価な機関銃座として使われた。

銃後

これに関連してエイブラムスは、戦場とはほとんど関係のない大激論の渦中におかれることになった。支出を大幅に削減しようと、アメリカ国防総省（ペンタゴン）はエイブラムス戦車を最新のM1A2SEPv2へアップグレードする計画を不要とみなし、計画を2013年後期から約４年間にわたり一時停止する意向を表明していた。この決定は、本書執筆時点で、2400両近くのエイブラムスが世界中に配備され、その約３分の２がすでにアップグレードされていて（平均して３年経過していない）、さらに3000両の旧式モデルがカリフォルニアの軍事基地に駐車されていることを考えると、妥当に思われた。

しかしエイブラムス戦車の生産は、武器が、戦場での実績とは関係ない社会的、経済的、政治的影響をおよぼしうることを示す一例でもあった。この戦車の製造メーカー、ジェネラル・ダイナミクス社は2011年、エイブラムス計画には全米で１万8000人を雇用する560以上の下請け業者がかかわっていると見積もった。何百万ドルという金が選挙資金と熱狂的なロビー活動についやされ、会社はついに議員を説得してペンタゴンの支出削減提案をかわすことに成功した。これを書いている時点で、アップグレード計画は続行することが決まっている。

46

発明者：

レイセオン社

BGM-109トマホーク巡航ミサイル

タイプ：

長距離ミサイル

社会的

政治的 ■

戦術的

技術的 ■

1983年

巡航ミサイルは、遠距離（1609キロ以上）から目標に正確に命中する自律誘導、自己推進式のミサイルである。ターボファンエンジンと太く短い翼で揚力を生みだし、水平飛行する。かなりの低高度を飛行するうえ断面も小さいため、レーダーにはほぼ捕捉されず、防御するのが非常にむずかしい。このことから巡航ミサイルは、民主主義諸国が、とくに間接的な国家防衛として軍事力を行使する際に直面する最大の問題のひとつ、すなわち戦争による人的損失を嫌う世論に対する強力な解決策になることがわかっている。

報復と狂人（ルーン）

伝統的に軍事計画者は、自軍を危害のリスクから守って遠距離から非常に不正確な攻撃を行ない、巻きぞえ被害（とくに民間人の犠牲者）のリスクを高めるか、それとも至近距離から（すなわち地上軍により）高精度の攻撃をくわえて、兵士を危険にさらすかのいずれかを選択しなければならなかった。巡航ミサイルは新種兵器の先駆けで、精度が高いため民間人の犠牲者を最小限におさえられる、公的にも政治的にも容認可能な無人武器である。

最初の巡航ミサイルは画期的なドイツのV-1（154ページ参照）で、基本的な設計と概念ではその現代の子孫に酷似している。アメリカ海軍は第２次大戦直後、ドイツ軍から獲得したV-1技術を応用してアメリカ初の巡航ミサイル、ルーンを建造し、これに続いて1953年にはレグルスを開発した。レグルスは1950年代なかば、潜水艦隊に配備されたが、ポラリス弾道ミサイル計画が推進されることが決定し、開発は1958年に中止された。1970年代に技術が向上すると、巡航ミサイル構想が復活し、レイセオン社がBGM-109トマホーク地上攻撃ミサイル（TLAM）を開発し、1983年にアメリカ海軍で運用がはじまった。巡航ミサイルにはほかの種類もあるが、トマホークが群を抜いて成功をおさめている。

トマホークは全長6.25メートル、直径0.52メートルで、固形燃料ロケットブースターにより発射プラットフォーム（当初は潜水艦だったが、現在はおもに水上艦）から射出される。ブースターは、ミサイルの総重量1450キロのうち250キロを占める。燃料が燃えつきるとブースターは切り離され、ターボファンエンジンが引き継ぐ。エンジンは重さがわずか65キロだが、272キロの推進力を生む。ミサイルは時速885キロで飛行し、射程は1609キロを超える。

トマホークの命中精度のカギはその誘導装置にある。初期の型は、ミサイルが加速度の変化を測定して飛行経路を計算する慣性誘導（推測航法の一形態）と、ミサイルが通過する地形の形状をあらかじめ記憶した地形図と比較するTERCOM（地形等高線照合方式）とを組みあわせて使用していた。より最近の型ではGPS（全地球測位システム）とDSMAC（デジタル風景照合地域相互関係方式）が使われ、後者は、ミサイルのコンピュータが、事前に登録された目標の画像と内臓カメラから実際に入ってくる画像とを比較して飛行経路を修正する。

誘導方式をこのように兼用することで、ト

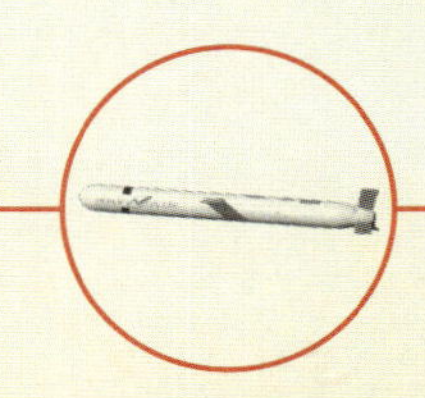

「(…) 昨夜、この建物に巡航ミサイルが命中しました。ぽっかりと大きな穴がふたつ開いています (…) ごらんのとおりの廃墟と化し、数階の高さのある建物は完全に破壊されました。後方の別の建物は (…) 火がくすぶっています。巡航ミサイルが命中すると、こんな恐ろしいことになるのです。巡航ミサイルはじつに大きな被害をもたらします」

ニューズ・リミテッド特派員イアン・マクフェドラン、ABCテレビのニュース番組「7.30リポート」で、バグダードからインタビューに答えて、2003年３月

マホークはみごとな飛行と命中精度を達成している。そして目標に到達すると、トマホークは２種類の弾頭のうちのひとつを発射することが可能になる。それは重量454キロの通常弾頭またはクラスター型弾頭で、後者は166個の徹甲性の破片榴弾、もしくは24のパッケージに入った焼夷子弾を散布する。以前はW80核弾頭を搭載した巡航ミサイルもあったが、現在は使用されていない。

砂漠の攻撃

巡航ミサイルは1990年代に頭角を現し、それ以来、アメリカが保有するもっとも重要な武器のひとつとなっている(イギリスもまたトマホークを購入している)。1991年の湾岸戦争中、砂漠の嵐作戦ではじめて実戦配備され、圧倒的な影響をもたらした。イラク軍の作戦および防空能力を低下させるための当初の空爆では、日中に使用できる唯一の武器として重要な役割をはたし、280基を超えるトマホークが潜水艦と水上艦から発射された。バグダードへのミサイル爆撃は高水準の精度を達成するとともに、イラク国民の士気にも強烈な打撃をあたえた。1991年１月にバグダードをあとにした直後、BBCプロデューサーのアンソニー・マッシーはロサンゼルスタイムズ紙にこう語った。「巡航ミサイルの命中精度が高かったせいで、都市はほとんど被害を受けていないように見えるが (…) すっかり人けがなくなっている。これは［住民にとって］まさにとどめの一撃で (…) 人びとは先を争って都市から脱出している」

砂漠の嵐作戦でトマホークはその実力を証明してみせたが、同時に、当時認められていた以上に深刻な作戦上の失敗をひき起こしていた。それ以来、発展型のブロックⅢとブロックⅣは命中精度が大幅に向上した。ブロックⅢは1995年９月、デリバリット・フォース作戦のボスニア空爆ではじめて実戦投入され、さらに1996年９月の、イラクでの砂漠の攻撃作戦でも使用された。いずれの場合もミサイルの命中率は90パーセントを超えており、トマホークは運用年数全体をとおして85パーセント以上の命中率を誇っている。

トマホーク・ブロックⅣは2011年、リビアのカダフィ大佐の軍に向けて配備された。230基以上が発射され、潜水艦１隻だけで90基を超えるミサイルを発射した。ウィリアム・シャノン海軍少将によると、巡航ミサイルがNATOによる空爆作戦の成功を確かなものに

砂漠の嵐作戦中、原子力ミサイル巡洋艦ミシシッピからイラクの目標に向けて発射される、トマホーク地上攻撃ミサイル。

したという。「トマホークが当初から配備され、防空システムの大半と、飛行場に駐機していた航空機の大半を破壊したおかげである」

ブロックⅣは飛行途中で進路変更できるほか、画像をリアルタイムでコントローラーに伝送し、より柔軟かつ容易に目標に誘導することが可能である。目標が確定するまで旋回するように指示することもでき、アメリカ海軍はトマホーク・ブロックⅣとUAV（無人航空機。厳密にいえば、巡航ミサイルは片道型のUAVである）を組みあわせて、遠隔操作の対潜水艦攻撃チームをつくろうととり組んでいる。だがそんなハイテク火力は安くない。政府の予算書によれば、トマホークは1基、約140万ドルである。2013年10月には、3000基目のトマホーク・ブロックⅣがアメリカ海軍に納品され、いっぽうリビアでのNATOの作戦では、2000基目のトマホークが戦闘で発射された。巡航ミサイルは比較的「クリーン」な戦争の手段を提供するかもしれないが、血を節約した分を血税で補っているのである。

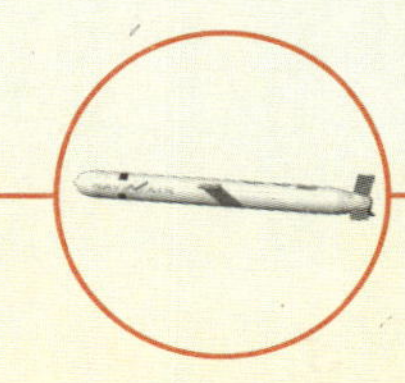

47

発明者：

アメリカ空軍

スマート爆弾

タイプ：

精密誘導兵器

社会的
政治的
戦術的
技術的

20世紀後期

「スマート爆弾」はレーザー誘導爆弾の俗称で、おそらくもっとも重要な種類の精密誘導兵器（PGM）だろう。PGM、とくにスマート爆弾は、空中戦と軍事交戦全般の計算法を、あらゆるレベルにおいて――政治的、戦略的、作戦的、戦術的、経済的に――激変させた。

的はずれ

かつては、爆撃の命中精度はぞっとするほどひどく、巻きぞえ被害はけっして避けられなかったため、そのことを攻撃の主要な目的にとりいれていた。たとえば1944年後半には、アメリカ第８空軍が投下した全爆弾のうち、目標から300メートル以内に着弾したのはわずか７パーセントだった。縦122メートル横152メートルのドイツの発電所内に、たった２発の爆弾を96パーセントの確率で着弾させるには、1080名の空兵が乗りこんだB-17爆撃機108機で648発の爆弾を投下しなければならなかった。ミサイルや砲弾などの命中精度は、半数必中界（CEP）で表され、これは、弾薬の50パーセントが内部に着弾することが期待される、目標を中心とした円の半径をいう。第２次世界大戦では、縦18メートル横30メートルの目標に、中高度から907キロの「ダム」（無誘導）爆弾を投下して90パーセントの命中率を達成するには、9070発を超える爆弾（爆撃機3024機）とともに、CEPが約１キロである必要があった。つまり、直径２キロの地域が破壊されることが予想され、3000名を超える爆撃機搭乗員の生命が危険にさらされても、比較的大きな目標に１発命中させられる保証すらないということなのだ。ベトナム戦争になってもまだ、同じ命中率を達成するのに176発のダム爆弾と122メートルのCEPが必要だった。高性能爆撃機によって投下されても、ダム爆弾は高水準の命中精度を達成することは不可能だった。

遠すぎた橋

そうした民間人の死傷者、搭乗員、航空機、弾薬のむだは緊急の対策を必要とし、早くからPGMを導入しようという努力がなされていた。1943年５月12日、イギリス空軍の爆撃機リベレーターが音響魚雷を投下し、目標のUボートに損害をあたえて浮上させ、破壊した。これはPGM攻撃が最初に成功した例だろう。４カ月後、ドイツ軍のドルニエ爆撃機が無線操縦式の滑空爆弾を投下し、イタリアの戦艦を撃沈した。戦争終結までに、無線、レーダー、はてはテレビにいたるまでさまざまな誘導技術がテストされるいっぽう、特攻戦術が、飛行しながら衝突の瞬間まで発射体の照準を合わせつづければ、壊滅的な結果をもたらせることを証明していた。特攻攻撃により約34隻のアメリカ海軍の軍艦が撃沈され、ほかの368隻が損害を受けた。特攻攻撃を受けた全軍艦のうち、8.5パーセント近くが沈没している。

ダム爆弾のもっとも手強い目標のひとつが橋で、第２次世界大戦後、PGMは橋の爆撃において真価を発揮することになった。朝鮮戦争ではレーゾンおよびターゾン誘導爆弾が、北朝鮮

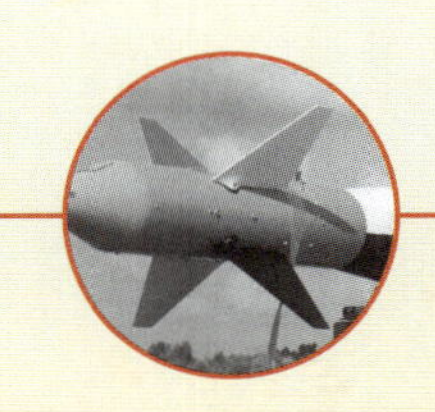

の橋をすくなくとも19梁、首尾よく破壊した。しかしアメリカ空軍が核兵器の開発に専念するとPGMはわきに追いやられ、1960年代になってようやく、非核戦争にも新しいアプローチが必要なことが遅ればせながら認識されるようになった。1960年代なかば、アメリカ空軍はレーザー誘導爆弾（LGB）を開発し、まだ初期型の段階でわずか6メートルという驚異的なCEPを達成した。レーザー誘導スマート爆弾は、1968年に最初の実地試験が行なわれたが、その能力が最大限に発揮されるには1972年まで待たねばならなかった。きわめて重要な戦略目標である北ベトナムのタインホア橋は、ダム爆弾攻撃にほとんどびくともせず、たび重なる攻撃により多くの航空機と搭乗員が失われていた。しかし1972年5月13日、LGBで武装したF-4ファントム4個飛行小隊が橋を比較的容易に破壊し、これが一般にPGM時代の幕開けを告げる出来事とされている。その後数カ月間にわたり、スマート爆弾はラインバッカー作戦で使用され壊滅的な影響をおよぼした。この空爆作戦は、北ベトナムの機甲部隊による侵攻に多大な損害をあたえ、北ベトナム指導部を交渉のテーブルに着かせるきっかけとなった。

局部攻撃

スマート爆弾が十分に成熟したのは、第1次湾岸戦争の砂漠の嵐作戦でのことだった。LGBはアメリカ軍の空爆に使用される弾薬のわずか4.3パーセントにすぎなかったが、戦略および作戦目標にあたえた重大な損害のうち、約75パーセントがLGBによるものだった。たとえば4週間にわたる空爆作戦では、PGMは戦略的に重要なイラクの橋54梁のうち41梁、さらにそれに代わって建設された船橋31梁を破壊した。同様の破壊的命中精度が、指揮統制系統と、とりわけイラク装甲車に対し達成された。戦後インタビューを受けたあるイラク軍将官はこうふりかえる。「イラン戦争では、自分が乗る戦車は友人のようなもので、そこで寝ることもできたし、そこにいれば安全だと思えた（…）だが今度の戦争では、自分の戦車は敵になった（…）夜間には、戦車が次々と爆破されていたので、部下の兵士は誰ひとりとして戦車に近づかなかった」

PGMは、1995年のセルビア軍に対するNATO軍の空爆作戦、デリバリット・フォース作戦ではよりいっそうの戦果をあげた。おもにNATO軍の使用武器の69パーセントを占めたPGMのおかげで、作戦の目的は達成された。リチャード・ホルブルック元アメリカ国務次官補はのちにこう記している。「人びとが

「砂漠の嵐作戦で再確認されたのは、レーザー誘導爆弾がほぼ1発で目標を撃滅できる能力をもっていることであり、革新的とはいわないまでも、これは航空戦における前例のない進歩である」

湾岸戦争空軍力調査、1993年

この一件から学ぶべきすばらしいことのひとつは、空軍力がときに―地上軍の支援を受けずに―違いを生みだせることである」

巻きぞえ被害を減らし、遠くから弾薬を発射するため出撃回数も少なくできることから、両陣営で犠牲者をおさえられるだけでなく、PGMはさらに支出もおさえることができる。たとえば巡航ミサイルは、スマート爆弾の16倍から60倍も高価である。湾岸戦争でF-117Aが投下したスマート爆弾の（当時の）コストは約1億4600万ドルで、これと同じトン数の爆薬をトマホーク（196ページ参照）で発射すれば、48億ドルかかる。

DARPAは夢見る

スマート爆弾とPGM全般は、アメリカ国防総省国防高等研究事業局（DARPA）の優先研究課題のひとつである。現在DARPAは、EXACTO、DuDE、PINS、PGKのような異国風のあいまいなコードネームや頭字語をもつ多くの技術開発にとり組んでいる。こうした研究は、先進型誘導センサー技術（たとえば、加速度のわずかな変化から進路を計算する能力や、非常にかすかなレーザー反射を感知する能力など）を小型化し、それを大型爆弾から砲弾、さらには個々の兵士が発射する弾丸にいたるまであらゆる種類の弾薬に応用することをめざしている。「航法（ナビゲーション）には大きな流れのようなものがある」と、DARPAのジェイ・ローウェル米空軍中佐は述べている。「それは、高性能最新技術を一連の広範な用途に大衆化することである。この場合は、高性能最新システムのために確保していたものを、大量に入手可能なより小型の武器弾薬に使用することを意味する（…）精密航法を向上させ、より幅広く使用することは、じつに不可欠なことなのである」

ハイテクレーザー誘導「スマート爆弾」を投下する、新型ハイテク多目的戦闘機ジョイント・ストライク・ファイターのテスト版。

48

発明者：

武装勢力

IED

タイプ：

対人および対車両爆発物

社会的

政治的

戦術的

技術的

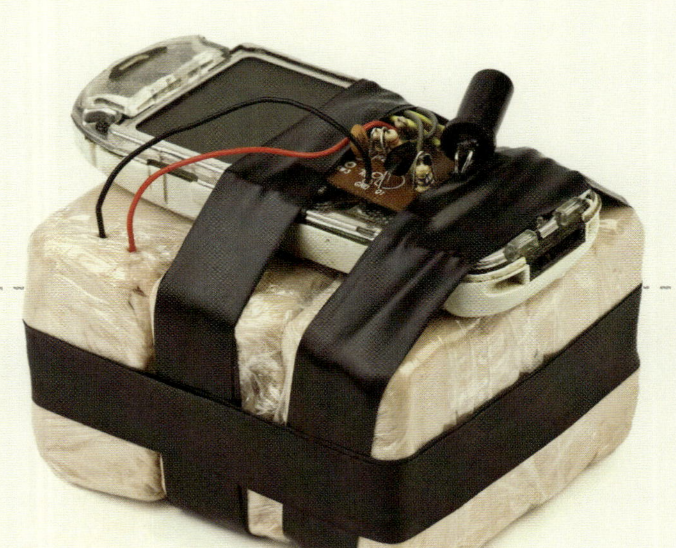

21世紀

IEDすなわち即席爆発装置は、爆弾にもなれば、地雷、擲弾、ブービートラップにもなる。IEDは爆薬と同じくらい古くからあるが、戦争の重要な――おそらくもっとも重要な――特徴になったのは、戦争そのものが変化し、すっかり非対称かつ低強度なものに変わった21世紀になってからのことである。

ブリキの箱とコーラの空き缶

中世初期の中国の火薬武器には、竹筒に火薬と金属片をつめた、IED形式のものがあった。装甲車および歩兵対策としてのIEDの価値は、第1次世界大戦の兵士にすぐさま高く評価され、兵士は擲弾のほか、爆薬をつめたブリキの箱まで使って、対戦車・対人地雷を即席でつくった（175ページ参照）。アメリカ軍がはじめて経験した反乱型の戦争のひとつ、ベトナム戦争では、アメリカ兵が道端でジュースの空き缶を見つけると蹴るくせがあることにベトコンが目をつけ、そのなかにIEDを隠すようになった。IEDはまた、IRA（アイルランド共和軍）やそれ以前のテロリストにも使用されてきた。たとえば1996年には、エリック・ルドルフがアトランタオリンピックで手製のパイプ爆弾を爆発させ、ひとりを殺害、ほか100人を負傷させている。

だがIEDが最大の影響をおよぼしたのは、同時多発テロ事件後のイラクとアフガニスタンでの戦争だった。アフガニスタンを例にとれば、2011年、NATO軍の死傷者の50パーセント以上がIEDによるもので、また同年に死亡したアフガン人の3人にひとりがやはりIEDを死因としていた。さらにアフガニスタンに駐留するNATO率いる国際治安支援部隊（ISAF）によると、2012年1月から11月にかけて、IEDは民間人の犠牲者の70パーセント以上に被害をもたらしたという。イラクでは、民間人犠牲者を集計するプロジェクト、イラクボディカウントのウェブサイトによれば、2003年3月20日から2013年3月14日のあいだに爆発物によって4万1636人の民間人が死亡している。ふたつの戦争を合わせると、IEDは3100人以上のアメリカ兵を殺害し、3万3000人を負傷させている。IEDはまた、このふたつの交戦地帯の外でもますます増えつつあり、統合即席爆発装置対策組織（JIEDDO）によると、2012年9月から12カ月間で、1万5000件を超えるIEDによる爆発がアフガニスタン国外で起こったとされる。「［IEDは］わたしたちに多大な苦痛をあたえている」と、JIEDDOを率いるアメリカ陸軍のジョン・ジョンソン中将は認める。「あの武器システムを無力化し、わが国の軍隊を守るには、多大な努力と資金を必要とする」

IEDの解剖

IEDにはさまざまな形と大きさがあるが、ほとんどが次のようなしくみになっている。電池などの電源が、引き金やスイッチに相当するものに電力を供給し、起爆装置や信管を作動させる。これにより、遠まわしに「エンハンスメント」とよばれるガラス、釘、金属片などの、中にしこまれた炸薬が爆発するのである。爆弾全体は容器に収納され、この容器

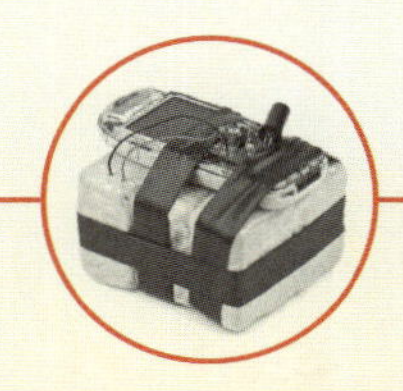

も爆発した瞬間こなごなに砕けて飛散する。中心となる炸薬には、C4のような軍用爆薬やANFO（酸化剤となる硝酸アンモニウムと、燃料源である燃料油との混合物）のような手製爆薬、もしくは古い地雷や不発砲弾、手榴弾などを再利用したものが使われる。「こうした装置と闘うのはむずかしい」と、NATO協議・指揮統制機関の対IED（C-IED）スペシャリスト、フランコ・フィオレはいう。「爆発は、指令、時限スイッチ、またはブービートラップによってひき起こされる。IEDはまた、地中に埋められるか、周囲のものに溶けこむよう偽装されている」。よく使われる方法は、携帯電話をスイッチとして利用し、路肩爆弾を爆発させるものだ。起爆係は隠れたところから往来を観察し、目標を見つけると電話の番号を押し、IEDを爆発させる。もっとローテクな方法は、たんにワイヤを信管から電池につなげたもので、２本のワイヤが接触すると爆発するようになっている。

しかしIEDが、個々の素人がいい加減によせ集めてつくったただの原始的な装置だと思ったら大まちがいである。こうした装置には構造が精巧なものもあり、背後には、技術者、指導者、供給網、資金提供者をふくむ多層ネットワークが存在している。起爆係は「食物連鎖」の最下層の人間であることが多く、教養の低い農民や牧夫がわずかな報酬をもらって穴を掘り、目標が現れるのを待ちかまえる。

IED対抗策

NATO軍に対する主力武器としてIEDが頭角を現すと、大規模な対IED努力が開始され、妨害電波発信機、無線受信機から、爆発物探知犬、大がかりな対敵諜報活動プログラムにいたるまで、技術やテクノロジーが開発された。JIEDDOを例にとれば、2006年以降、兵士を守り、訓練し、さらに爆弾製造ネットワークを破壊するための装備と設備に250億ドル近くが投じられている。もっとも目を引く対IED対策のひとつは、対地雷待ちぶせ防護型（MRAP）車両がますます使われるようになっていることで、この装甲トラックは爆風をわきへ拡散させるため、車体底部がV字になっている。アフガニスタンで使用されているISAF車両の大半に、いまでは妨害電波発信機がとりつけられている。フランコ・フィオレによれば、「妨害電波発信機は、発信機より大きな声で叫ぶか、それ以上にしゃべりまくることでIED受信機の耳を聞こえなくする」のだという。ほかの装置にNIRF（無線周波数によるIDE無力化装置）があり、これは高周波無線パルスを発して、近距離にあるIEDの電子機器を無力化する。またIEDの電子機器を遠隔操作で故障させるマイクロ波パルス装置、レーザーを使って半径30メートル以内にある

「手製爆弾はいまや、イラクの即席爆発装置のほぼすべてを占める。容易につくれて、簡単に使え、製造コストも最小限におさえられる」

イラク防衛省軍事工学局長、ハディ・サルマン将軍、2013年

沿道の不審な石の山のなかにIEDを探す、クラッシュという名の爆発物探知犬。2009年、アフガニスタンにて。

爆発物を探知するLIBS（レーザー誘起破壊分光装置）などがある。これだけの技術にもかかわらず、いまだに探知犬がIED探知のもっとも効果的な方法となっている。

IEDの背後にあるネットワークを破壊して、IED攻撃がそもそも起こらないようにする努力が現在懸命になされている。C-IED研究拠点所長のサンティアゴ・サン・アントニオ・デメトリオ大佐はこう話す。「IEDと闘うための訓練はもっぱら、装置を設置する前にネットワークを破壊する能力に的をしぼっている」。この目的に向けて、アメリカはひそかにIEDの残骸や部品をFBI（アメリカ連邦捜査局）の研究所、テロリスト爆発装置分析センター（TEDAC）に大量に収集している。ワシントンD.C.郊外にある倉庫には、過去10年間にわたり収集された10万点にのぼる爆発装置の残骸が保管され、毎月約800点がアフガニスタンとほかの20カ国からあらたに到着している。TEDACは指紋、共通する部品や技術、個人の爆弾製造者の痕跡などを探し、すでに1000以上を特定しているといわれる。

アナス・フォー・ラスムセンNATO事務総長は、2012年の記者会見でこう発表している。「アフガニスタンでは、NATO軍を路肩爆弾から守ることがいかに重要かを学んだ。そこで多くの同盟国が共同で、そうした爆弾を除去できる遠隔操作型ロボットを入手し、NATO軍と民間人の区別なく防護する計画である」。これにはかなりの長期的な投資がともなうが、きわめて重要なものとみなされている。

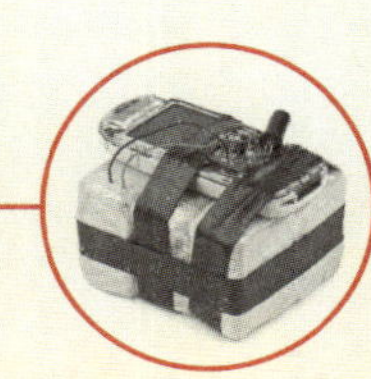

49

発明者：

イギリス海軍

UAVドローン

タイプ：

無人飛行機

社会的

政治的

戦術的

技術的

21世紀

「ドローン」は無人機の総称で、船や陸上車もふくまれるが、もっともよく知られているのはやはり無人航空機（UAV）だろう（ドローンの最大の開発者で購入者のアメリカ国防総省は「無人航空機システム（UAS）」という呼称のほうを好む）。ドローンは一般にロボットといわれているが、じつはそうではない。ロボットは自律的ですぐに反応するが、ドローンはいまのところすべて遠隔操作されるか、プログラミングされている。だが両者の境界線はあいまいになりつつある（214ページ参照）。

テスラのテルオートマトン

ドローンはSFの世界の話のように思えるかもしれないが、10年以上にわたって戦争の性質を変えてきた。もっともよく知られるUAV、プレデターは、スミソニアン航空宇宙博物館発行のエア・アンド・スペース誌に、世界を変えた航空機トップテンのひとつに選ばれている。ペンタゴンは現在1万1000機近くのドローンを保有しており、いまや軍用機3機のうち1機がドローンである（ただしその大半は、重さがわずか1.9キロの小型無人偵察機レイヴン）。これは非常に短期間でとてつもなく増加したことを示しており、2005年には、アメリカ軍の軍用機のわずか5パーセントがドローンだったが、現在ではほぼまちがいなく有人機を数で上まわっている。そしてドローンへの投資はさらに増えることが決まっている。ペンタゴンは2018年末までに、無人航空機、無人陸上車、無人船舶の各システムにほぼ240億ドルを投じる予定である。

ドローンには驚くほど長い歴史がある。当時は高く評価されることも理解されることもなかったが、1898年にマジソンスクエアガーデンで開催された電気博覧会で、ニコラ・テスラがはじめて公開した無線機のひとつが、おそらく最初の無線操縦機と考えられ、これが最初のドローンだった。テスラはこの船を「テルオートマトン」とよんでいた。船は無線で電力が送られて動き、ライトやモーターの複雑な操作が可能な高性能制御装置をそなえていたが、正しく暗号化された多周波無線通信にしか反応しなかった。

2006年、イラクでレイヴンを飛ばすアメリカ兵。世界でもっとも人気のある軍用UAVレイヴンは、偵察と監視にもちいられる。

第1次世界大戦中、イギリスの発明家ハリー・グリンデル・マシューズは、光をあてると発電する金属、セレンを利用した遠隔操作

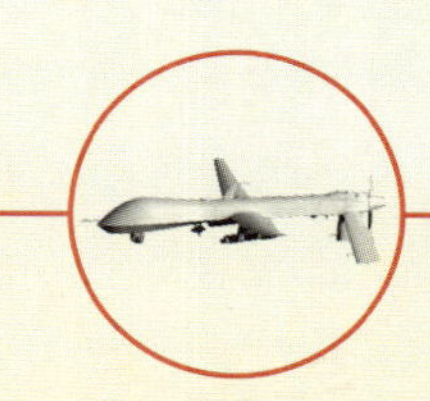

船技術を首尾よくイギリス海軍に売りこんだ。マシューズは比較的単純な遠隔操作技術にセレンをもちいて、ドーン（夜明け）号という名の船をつくった。ドーン号は、マシューズが「肉眼では見えないほどの高速周波数の振動」とよぶものを伝える一条の光線によって遠隔操作することが可能だった。「セレンの水先案内人」を乗せたこの小型船は、サーチライトの光線で操縦と操作が可能で、最終的には「拡散昼光」で最大2.7キロ、夜間で8キロの距離を走行することに成功した。イギリス軍部はこの技術を購入したものの、さらなる開発を行なうことはなかった。

クイーンビーとヘルキャット

第2次世界大戦時代には両陣営が無線操縦飛行機を開発し、それにはドイツのアルグスAs292、イギリスのクイーンビー、アメリカのTDRドローンなどがあり、TDRドローンは1トン爆弾を搭載し、敵船舶に投下した。アメリカ空軍は朝鮮戦争中、907キロ爆弾を搭載したF6Fヘルキャットに遠隔操縦装置をとりつけ、特攻ドローンをつくって目標を破壊した。1960年代と1970年代に、アメリカ軍はAQM-34ライアン・ファイアビー無人機を偵察に使ったが、プレデターのような有名な現代のドローンの祖先は、イスラエルで1970年代と1980年代に開発された軽量のスカウトとパイオニアというグライダー型無人機だった。

ドローン技術の開発は、SPRITEの場合のように、自然のなりゆきだったのかもしれない。1970年代、ヘリコプター製造会社のウェストランド社はアメリカ軍のためにステルス無人ミニコプター、監視哨戒偵察諜報攻撃目標指示電子戦、すなわちSPRITEを設計した。SPRITEは、熱探知カメラ、レーザー、そのほかのハイテクペイロードを搭載可能だった。SPRITEは1980年代初頭、イギリスのウィルシャーで極秘の夜間飛行試験を行なっていた際、UFOとたびたびまちがえられたと考えられている。

ハーキュリーズの翼に搭載されたライアン・ファイアビー無人機。ファイアビーは広く使用された最初のUAVのひとつで、砲術練習の標的機として開発された。

「兄弟のひとりが陸軍の特殊部隊に所属している。正直なところ、これ［リーパー無人機］を頭上に飛ばさずに外には出てほしくないね」

リーパー・パイロット、クリス・ゴフ中佐、2009年

途方もない能力

UAVの妥当性は軍隊にとって、とりわけアメリカ軍にとってどうやら避けて通れないものになった。従来型の航空機とくらべ、UAVははるかに安価で、使いすてでき、輸送と配備が簡単で、使う燃料も少なくてすむ。そしてなにより、オペレーターは安全なところにいることができる。たとえばアメリカのプレデターとリーパー（大型の武装無人機）の任務の多くは、ラスヴェガス近くのクリーチ空軍基地にある施設から制御されている。ドローンの「パイロット」は、航空機を衛星アップリンク経由で制御しながら戦闘任務を遂行し、疑わしいテロリストや反乱軍兵士を吹き飛ばし、それがすんだら家族と夕食をとるため郊外の家に車で帰ることができる。こうした現実離れした状況がオペレーターに高レベルのストレスをもたらしていると報告されているが、これは同時に、21世紀の戦争の性質をアメリカの敵にとってはるかにストレスの多いものに変えつつある。2009年のCBSニューズのインタビューで、クリーチ空軍基地でドローン部隊を指揮するクリス・チェンブリス大佐は、そのメリットをこう指摘している。

34機の航空機を使用でき、さらにその全機を24時間飛行させることができ、くわえてこちらが見せたいものを見せることもできる。これは途方もない能力であるため、敵はいまやり方を変えざるをえなくなっている。もっと身を隠さなければならなくなったのである。なにしろ、われわれにいつ見られているのか、また、われわれがどこにいるのかわからないからだ。

UAVの今後の方向性には、飛行時間の延長と既存技術の改良がふくまれる。たとえば、小型で低コストの使いすて可能なマイクロUAVを個々の歩兵に装備し、各自に偵察技術をそなえさせることや、ドローンを兵器化する傾向がますます強まっている。最近のペンタゴンの報告書「無人システム統合計画表：FY2013-2038」にはこうある。「無人システムを持続的に利用するという新構想をもった定評ある武器技術と、新たなネット中心の能力とを応用して、有人機および無人機でチームを組むことは、感知攻撃時間を改善し、キル・チェーン（アメリカ空軍の攻撃シナリオ）に要する時間をさらに短縮するには不可欠になるだろう」。すなわち、軍部はこれからますます遠隔操作で殺害しようとしているのである。

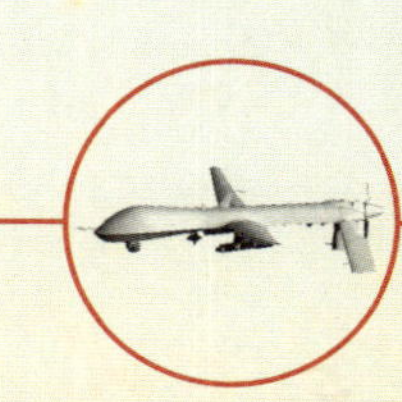

UAVドローンの解剖

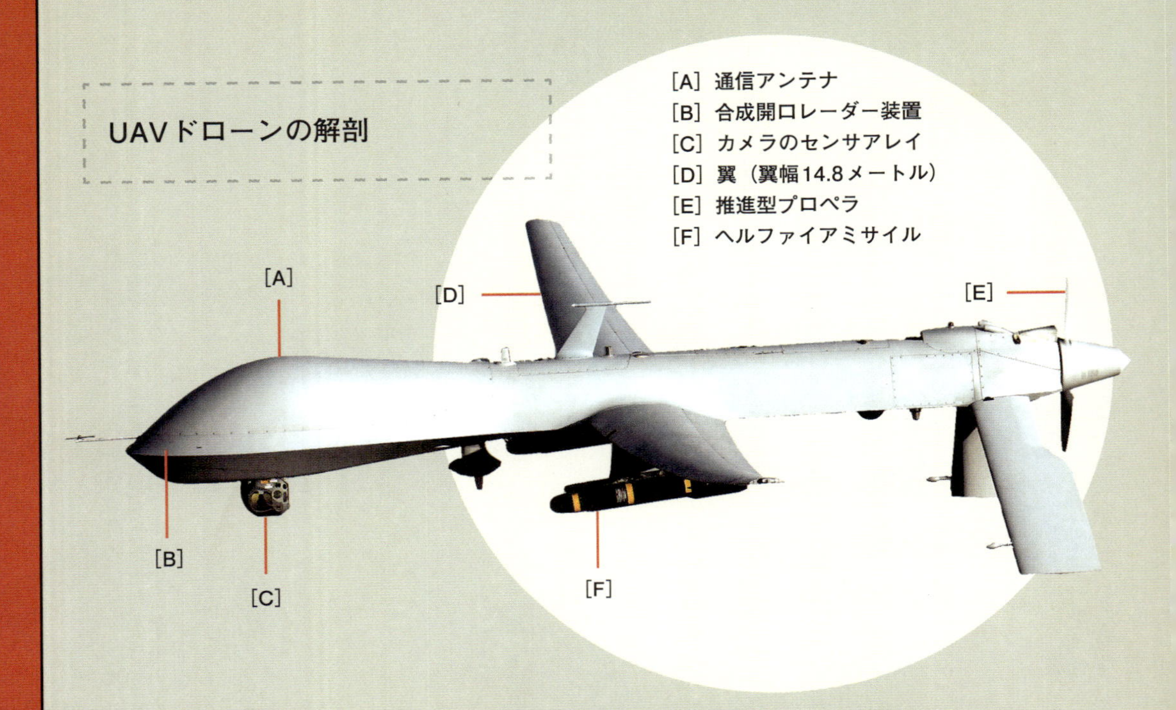

もっとも有名なUAVドローンはプレデターで、これは翼幅14.8メートル、プロペラ推進の中高度長距離航空機である。製造メーカーのジェネラル・アトミックス・エアロノーティカル社はこれを「世界でもっとも実戦できたえあげられた無人航空機システム」と説明している。プレデターは飛行最高高度7600メートル、滞空時間40時間（荷を満載した場合は24時間）で、偵察任務のほか、ヘルファイアミサイルのような弾薬で武装して戦闘攻撃機（MQ-1）としても使用される。プレデターはアメリカ軍にとってますます重要性を増しつつある。初飛行は1994年で、プレデター飛行隊の飛行時間が25万時間に到達したのは2007年になってからのことだったが、その後わずか20カ月間で50万時間に達した。

武装型MQ-1プレデターはよく物議をかもしているように、2002年11月3日のイエメンでのCIA（アメリカ中央情報局）による攻撃のような奇襲空爆暗殺計画で使用されている。この攻撃では、プレデターから発射されたヘルファイアミサイルが、アメリカ海軍駆逐艦コール襲撃事件の首謀者とされるアルカイダのリーダー、カイド・セニアン・アルハーシを殺害した。「プレデターはわれわれの作戦の中核をなすようになった」と、アメリカ空軍参謀総長のノートン・シュワルツ将軍はCBSテレビの番組「60ミニッツ」で語っている。「[プレデターは] おそらく、アルカイダに損害をあたえる [という点では] 筆頭だろう」

キー・トピック
肝心なのは中身

プレデターの製造メーカーが懸念しているのは、一般に使われている「ドローン」という呼称がもつ愚鈍なニュアンスが、この武器の破壊的な攻撃力にそぐわないことである。また「無人航空機、無人航空機システム」という呼称もやはり、プレデターシステムの重要要素であるオペレーターの存在を適切に反映していないと考えている。このため現在は、「遠隔操縦飛行機」という呼称が公式にもちいられている。

プレデター・オペレーターチームは通常、パイロット1名とセンサーオペレーター1名で構成され、たとえばUAVが離着陸するイラクの空軍基地で任務につくチームは、離着陸がスムーズに行なえるよう努力する。そしていったん上昇すると、プレデターの制御は遠く離れたアメリカの空軍基地で任務につくオペレーターチームに引き継がれ、そこからドローンは衛星データリンクによってコントロールされる。

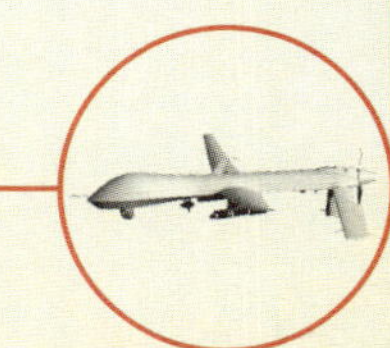

50

発明者：

ボストン・ダイナミクス社

ロボット

社会的
政治的
戦術的
技術的

タイプ：
自律機械システム

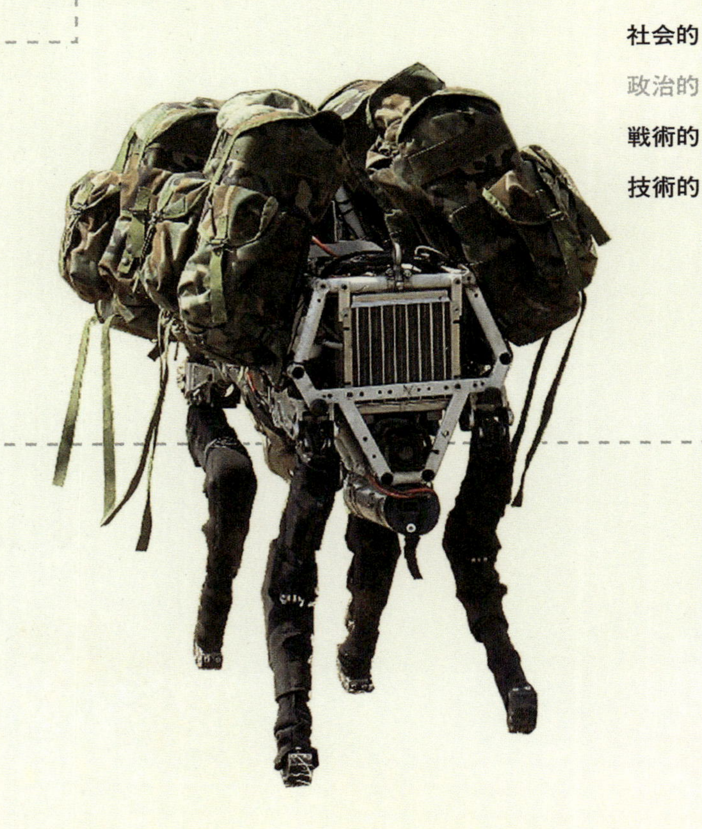

未来

機械が唯一の戦闘員という戦争を想像してみてほしい。多関節の触手のようなアームをもつすばやく敏捷なアンドロイドが、遮蔽物のあいだを全力疾走し、不断の狭域通信と、個々のユニットの情報から全体の行動パターンを構築する「群知能」アルゴリズムを通じて、前進を調整する。その後ろを、重火器を装備したはるかに大型の装軌式装甲機械が、ガタガタと音を響かせてつきしたがう。頭上では、小型の自律飛行体が監視データを地上のユニットに供給するいっぽう、目標を捕捉する。砲撃がはじまり、弾薬が雨あられのごとく降りそそぐが、どの時点でも人間が関与することはない。

ロボット神話

これはほぼ1世紀前、SF作家が最初にロボットの概念に注目して以来、想像されてきたシナリオで、いまでは『ターミネーター』や『マトリックス』のような映画を通じて一般的な文化になっている。

現在の軍事技術に対する一般の人びとの認識が、陳腐な報道にもとづくものであれ、もし正しければ、そうしたシナリオはもうすぐ現実のものになるだろう。というのも、ロボットがすでに戦争を変貌させ、じきにすっかり引き継ぐことになるとする考えが広く受け入れられているからだ。だが実際には、事実はこれとはかなり異なっている。ロボットが近い将来、もしくはそれよりもう少し先の未来に、いちじるしい兵站的・道徳的影響を戦争行為におよぼす可能性があるとはいえ、現時点ではまったくそうした状況にはなっていない。

軍用ロボットにまつわるもっとも根強い誤った通説は、ロボットがすでに運用されているというもので、これは「ロボット」という言葉の意味に対する単純な誤解から生じている。プレデターやほかのUAVのようなドローンは一般にロボットとよばれるが、これはまちがいである。ロボットは自律機械で、人間が制御したり誘導したりすることなく、いかに単純なものであろうと任務を遂行することができる。世界でもっとも一般的なロボットは、自動車の組立ラインのロボットで、多関節アームが、プログラミングされたとおりの動きと行動を自力で正確に再現する。それに対しドローンは自律的ではなく、遠隔操作によって操縦される。ドローンのなかには、NASA（アメリカ航空宇宙局）の火星探査車キュリオシティのように限定的な自律能力をもつものもある。一連の中間地点をあたえられると、キュリオシティは一方からもう一方への移動の仕方を理解し、障害となる地形に対処できるようになる。しかしほとんどの軍用ドローンは、この水準の自律性さえおぼつかない。

軍用ロボットとされる装置のなかでもっとも一般的なのが無人地上車（UGV）で、通常、IEDの検査や信管除去のような爆発物処理作業に使用される。NATOと同盟国が使用するUGVには、TALON、パックボット、MATILDA、ACERなどがある。これらはすべて幅広で低い姿勢の装軌車両だが、ACERはほかより大型で、本質的には無人ブルドーザーだ。そうしたUGVは、ロボットアーム、カメラ、センサー、消火設備といったほかの

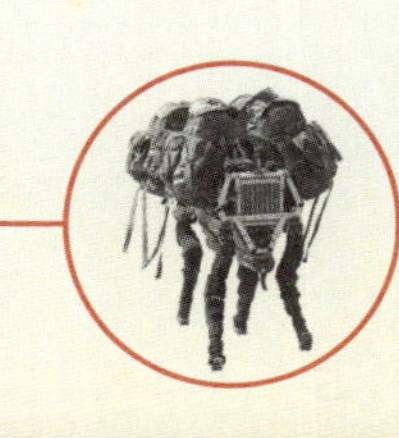

技術のプラットフォームの役割をはたすことができる。TALONユニットは機関銃やグレネードランチャーなどさまざまな武器で武装し、SWORDS（特殊兵器監視偵察探知システム）として知られる。2000年代初期に最初にテストされ、2007年に少数がイラクに送られたが、実戦投入されることはなかった。だがUAVと同様に、UGVもまたロボットではなく、かなり近距離から遠隔操作されるドローンである。

2010年の「ベスト・サパー」コンテスト中、爆弾処理技術者によって配備されるのを待つTALON「ロボット」（実際には遠隔操作地上車）。

ロボットの問題

ではなぜ軍部は、SF作家や未来派主義者があたりまえのものになると請けあってから何十年もたつというのに、いまだロボットを装備していないのだろうか。それは軍部が悪いのではなく、ロボット科学に根本的原因があるせいなのだ。はっきりいうと、ロボットはつくるのがあまりにむずかしいことが判明したのである。

神話や伝説に機械的なオートマトン（ロボット）が登場するのは、ホメロスの『オデュッセイア』にまでさかのぼる。古代から娯楽品や珍品として実物が考案されてきたが、「ロボット」という言葉自体の起源はずっと最近で、これはチェコの劇作家で未来派主義者のカレル・チャペックが1921年につくった造語である。チャペックは「農奴」「労働者」を意味するチェコ語の「robota」を、工場主が自動労働者を製造して売るという内容の、自身の

「特殊作戦を行なうロボットを開発するのは非常にむずかしいが、われわれはすでにDMZ［朝鮮半島の非武装地帯］の衛兵を半自律システムに置きかえている」

ブレーデン・アレンビー、アリゾナ州立大学工学部教授、2014年

戯曲『ロボット（R.U.R）』にとり入れた。真のロボットは1956年になってようやく登場し、技術者のジョーゼフ・エンゲルバーガーと発明家のジョージ・デヴォルが世界初のロボット製造会社ユニメーションを設立した。ふたりは協力して、先端にものをつかむ「手」がついた、クレーンに似た世界最初の産業ロボット、ユニメートを開発した。1962年、ユニメートはニュージャージー州トレントンにあるゼネラルモーターズ社の生産ラインで使用され、熱した金属板をもちあげたり積み重ねたりした。商用ロボットはユニメートをはるかに超えては進化していないので、真の自律ロボットをつくることは気が遠くなるような挑戦であることが明らかになっている。

人間やほかの動物は、複雑で動的な環境を知覚し、うまくきりぬけ、それとさかんにやりとりし、さらに自分自身を強化し、効率的に維持できる能力をあたりまえのものと思っている。だが機械にこのいずれかをさせることは、いまのところほぼ不可能なことがわかっている。最大の問題のひとつは、原始的な動物の感覚性に匹敵する人工知能（AI）を開発することのむずかしさである。軽量で長持ちする電源函もまた、実験室環境外で使える頑丈な設計と技術が必要なため、やはり問題が多い。こうした課題を克服するむずかしさから、こんなジョークをよく耳にする。「ロボットは20年先の話であり、つねにまた20年先の話となる」

アルファドッグ

それでも、あともう一歩で軍事的に利用できる真のロボットがすくなくともひとつある。ボストン・ダイナミクス（BD）社はロボット製造会社で、動物生体力学から着想を得て、インターネットを通じて広く知られている歩くロボットを設計している。なかでももっとも有名なのが、軍事調査機関のDARPAが一部資金提供した四足歩行のビッグドッグである。DARPAは続いて、アルファドッグ、すなわちL3多脚分隊支援システムを生みだした。これは運搬用のロボット「ラバ」で、最大181キロの荷を背負って、最大32キロの距離を24時間にわたり、起伏のある地形をのりこえ、転んでも自分で起きあがって運ぶことができる。BD社が製作した同種の試作型が、動きの速い四足歩行ロボット、ワイルドキャットで、最大時速25キロの速さで走ることが可能である。

これらは自律的で、人間のオペレーターによる制御をいっさい必要としないため、真のロボットといえる（指示を受けて「待て」「ついてこい」といった簡単な命令に従うが、人間の「主人」のあとを一定の距離をあけてついていくことができる）。アルファドッグは2005年から開発が進められ、実地試験はまだすべては終わっていない。アルファドッグを実用化するための課題は、BD社の共同創立者マーク・ライバートが2013年11月に出したコメントに示されている。「計画が数年前にスタートしたとき、［アルファドッグの］『故障までの平均時間』は0.5時間だったが、現在は3.4時間に改善している」

あと数年のうちに、アルファドッグやほかの真に自律的なロボットは実用化されるかもしれないが、そうなれば当然、TALON SWORDSのように武器を装備される可能性がある。自律機械に射撃や殺人の判断をゆだねることは、倫理的ジレンマのやっかいな世界をあらたに開くことになるだろう。

参考文献

Arthur, Max *(2005) Last Post: The Final Word from our First World War Soldiers,* London: Weidenfeld & Nicolson

Bidwell, Shelford and Dominick Graham *(2004) Fire Power: The British Army Weapons and Theories of War 1904–1945,* Barnsley: Leo Cooper Ltd

Bodley Scott, Richard, Nik Gaukroger and Charles Masefield *(2010) Field of Glory Renaissance: The Age of Pike and Shot,* Oxford: Osprey

Brodie, Bernard *(1959) Strategy in the Missile Age, Princeton:* Princeton University Press

Brodie, Bernard and Fawn M. Brodie *(1973) From Crossbow to H-Bomb: The Evolution of the Weapons and Tactics of Warfare,* Bloomington, IN: Indiana University Press

Campbell, Christy *(2012) Target London: Under Attack from the V-weapons during WWII,* London: Little, Brown

Chambers, John Whiteclay II, ed. *(1999) The Oxford Companion to American Military History,* Oxford: Oxford University Press

Chun, Clayton K.S. *(2006) Thunder Over the Horizon: From V-2 Rockets to Ballistic Missiles, Westport,* CT: Praeger Publishers

Cooper, Jonathan *(2008) Scottish Renaissance Army 1513–1550,* Oxford: Osprey

Cowley, Robert and Geoffrey Parker, eds. *(1996) The Osprey Companion to Military History,* Oxford: Osprey

Croll, Mike *(1998) The History of Landmines,* Barnsley: Pen & Sword Books Ltd

Dear, I.C.B. and Peter Kemp, eds. *(2005) Oxford Companion to Ships and the Sea,* Oxford: Oxford University Press

Dear, I.C.B. and M.R.D. Foot, eds. *(2005) The Oxford Companion to World War II,* Oxford: Oxford University Press

Delbruck, Hans *(1990) The Dawn of Modern Warfare (History of the Art of War, Volume IV),* trans. by W. J. Renfroe, Lincoln, NE: University of Nebraska Press

Forczyk, Robert A. *(2007) Panther Vs T-34: Ukraine 1943,* Oxford: Osprey （ロバート・フォーチェック『パンターvsT-34——ウクライナ1943』、宮永忠将訳、大日本絵画、2009年）

Gillespie, Paul G. *(2006) Weapons of Choice: The Development of Precision Guided Munitions,* Tuscaloosa, AL: University of Alabama Press

Hardy, Robert *(1976) Longbow: A Social and Military History,* Cambridge: Stephens

Holmes, Richard, ed. *(2001) The Oxford Companion to Military History,* Oxford: Oxford University Press

Keegan, John *(2004) The Face of Battle: A Study of Agincourt, Waterloo and the Somme,* London: Pimlico

Keegan, John and Richard Holmes *(1985) Soldiers: A History of Men in Battle,* London: Hamish Hamilton （ジョン・キーガン、リチャード・ホームズ、ジョン・ガウ『戦いの世界史—— 一万年の軍人たち』、大木毅監訳、原書房、2014年）

Levy, Joel *(2012) History's Worst Battles: And the People Who Fought Them,* London: New Burlington

Liddell Hart, B. H. *(1959) The Tanks: The History of the Royal Tank Regiment and its Predecessors,* London: Cassell

Liddell Hart, B. H. *(1973) The Other Side of the Hill: The Classic Account of Germany's Generals, Their Rise and Fall, with Their Own Account of Military Events, 1939-1945,* London: Cassell

Loades, Mike *(2010) Swords and Swordsmen,* Barnsley: Pen & Sword Military

MacGregor, Neil *(2012) A*

History of the World in 100 Objects, London: Penguin
（ニール・マクレガー『100のモノが語る世界の歴史１～３』、東郷えりか訳、筑摩書房、2012年）

Macksey, Kenneth *(1976) Tank Warfare: A History of Tanks in Battle*, St. Albans: Panther

Manucy, Albert C. (2011) *Artillery Through the Ages: A Short Illustrated History of Cannon*, Leonaur
（アルバート・マヌシー『大砲の歴史』、今津浩一訳、ハイデンス、2004年）

McNab, Chris (2011) *A History of the World in 100 Weapons*, Oxford: Osprey

McNab, Chris (2011) *The Uzi Submachine Gun*, Oxford: Osprey

Moynihan, Michael, ed. (1973) *People at War 1914–1918*, Newton Abbot: David and Charles

Nicholson, Helen J. (1997) *The Chronicle of the Third Crusade: A Translation of the Itinerarium Peregrinorum et Gesta Regis Ricardi (Crusade Texts in Translation)* Aldershot, England: Ashgate

Popenker, Maxim and Anthony G. Williams (2011) *Sub-machine Gun: The Development of Sub-machine Guns and Their Ammunition from World War 1 to the Present Day*, Ramsbury: Crowood Press

Rhodes, Richard (1988) *The Making of the Atomic Bomb*, London: Penguin
（リチャード・ローズ『原子爆弾の誕生』上下、神沼二真、渋谷泰一訳、紀伊国屋書店、1995年）

Rottman, Gordon L. (2011) *The AK-47: Kalashnikov-series Assault Rifles*, Oxford: Osprey

Simpson, John (2009) *Strange Places, Questionable People*, London: Pan Macmillan

Singer, P. W. (2011) *Wired for War: The Robotics Revolution and Conflict in the 21st Century*, London: Penguin
（P・W・シンガー『ロボット兵士の戦争』、小林由香利訳、日本放送出版協会、2010年）

Stanford, Dennis J. and Bruce A. Bradle (2013) *Across Atlantic Ice: The Origin of America's Clovis Culture*, *Berkeley*, CA: University of California Press

Tonsetic, Robert L. (2010) *Days of Valor: An Inside Account of the Bloodiest Six Months of the Vietnam War*, Havertown, PA: Casemate

Tucker, Spencer C., ed. (2009) *A Global Chronology of Conflict: From the Ancient World to the Modern Middle East, Santa* Barbara, CA: ABC-CLIO

Turnbull, Stephen (2002) *World War I Trench Warfare (1): 1914–16*, Oxford: Osprey

Vale, Malcolm (1981) *War and Chivalry: Warfare and Aristocratic Culture in England, France and Burgundy at the End of the Middle Ages*, London: Duckworth

White, Lynn (1962) *Medieval Technology and Social Change*, Oxford: Clarendon Press
（リン・ホワイト・Jr『中世の技術と社会変動』、内田星美訳、思索社、1985年）

Wills, Chuck (2006) *An Illustrated History of Weaponry: From Flint Axes to Automatic Weapons*, London: Carlton

英文ウェブサイト

Ancient Chinese Military Technology: *depts.washington.edu/chinaciv/miltech/miltech.htm*

Army Technology: *www.army-technology.com*

The Association for Renaissance Martial Arts: *thearma.org*

British Battles: *britishbattles.com*

Browning (gunsmiths): *www.browning.com*

Chuck Hawks Naval, Aviation and Military History: *www.chuckhawks.com/index3.naval_military_history.htm*

De Re Militari, The Society for Medieval Military History: *deremilitari.org*

Defense Tech: *defensetech.org*

Encyclopaedia Romana: *penelope.uchicago.edu/~grout/encyclopaedia_romana/index.html*

Engineering the Medieval Achievement: *web.mit.edu/21h.416/www/index.html*

Evolution of Modern Humans: *anthro.palomar.edu/homo2/default.htm*

Eyewitness to History: *eyewitnesstohistory.com*

The Garand Collectors Association: *thegca.org*

Historic Arms Resource Centre: *rifleman.org.uk*

Illustrated History of the Roman Empire: *roman-empire.net*

International Campaign to Ban Landmines: *icbl.org*

Internet History Sourcebook Project, Fordham University: *www.fordham.edu/Halsall/index.asp*

The Lee Enfield Rifle Association: *www.leeenfieldrifleassociation.org.uk*

Military History magazine: *www.historynet.com/magazines/military_history*

myArmoury: A Resource for Historic Arms and Armour Collectors: *www.myarmoury.com*

The Napoleon Series: *napoleon-series.org*

North Atlantic Treaty Organisation (NATO): *www.nato.int*

Naval History and Heritage Command: *www.history.navy.mil*

Prehistoric Archery and Atlatl Society: *www.thepaas.org*

The Roman Military Research Society: *romanarmy.net*

Spartacus Educational: *www.spartacus.schoolnet.co.uk/index.html*

The Great War – WWI Battlefields and History: *www.greatwar.co.uk*

World Guns: *world.guns.ru*

Xenophon Group: *xenophongroup.com*

図版出典

8 © BabelStone | Creative Commons

9 top © Mercy from Wikimedia Commons | Creative Commons

9 bottom © Didier Descouens | Creative Commons

10 © Michel wal | Creative Commons

12 © jason cox | Shutterstock.com

14 © Daderot | Creative Commons

15 © Eric Gaba | Creative Commons

16, 19 © Creative Commons

20 © Daderot | Creative Commons

24 © INTERFOTO | Alamy

25 © Dbachmann | Creative Commons

27 © Getty Images

31 © Luis García | Creative Commons

32 © Mary Evans Picture Library

35 © Library of Congress | public domain

36 © duncan1890 | iStockphoto

39 © Library of Congress | public domain

41 © INTERFOTO | Alamy

43 © Ivy Close Images | Alamy

44 © oksana2010 | Shutterstock.com

55 © INTERFOTO | Alamy

61 © Mary Evans Picture Library | THE TANN COLLECTION

64 Library of Congress | public domain

66 © Getty Images

68 © UIG via Getty Images

69 © UIG via Getty Images

70 © HiSunnySky | Shutterstock.com

72 © Lee Sie | Creative Commons

77 © Time & Life Pictures | Getty Images

78 © Getty Images

82 © Kallista Images | Getty Images

84 CDC/James Hicks | public domain

86 © Dan Kosmayer | Shutterstock.com

94 © Hein Nouwens | Shuterstock.com

101 © Illustrated London News Ltd | Mary Evans

108 © Getty Images

110 © Morphart Creation | Shutterstock.com

111 Library of Congress | Public Domain

112 © Aleks49 | Shutterstock.com

115 © Illustrated London News Ltd | Mary Evans

119 © Erwin Franzen | Creative Commons

120, 123 © Stocktrek Images, Inc. | Alamy

123 bottom © Topory | Creative Commons

124 © Jean-Louis Dubois | Creative Commons

126 © Minnesota Historical Society | Creative Commons

127 Library of Congress| public domain

129 © Otis Historical Archives National Museum of Health & Medicine | Creative Commons

132, 137 © AlfvanBeem | Creative Commons

138 © David Orcea | Shutterstock.com

139 © Jamie C | Creative Commons

141 © Getty Images

142 © Rama | Creative Commons

145 © Alf van Beem | Creative Commons

146 © TRINACRIA PHOTO | Shutterstock.com

150 © Andrei Rybachuk | Shutterstock.com

152 © UIG via Getty Images

156 © Bundesarchiv, Bild 146-1973-029A-24A | Lysiak | Creative Commons

158 © SSPL via Getty Images

166 © mashurov | Shutterstock.com

169 top © zimand | Shutterstock.com

170 © zimand | Shutterstock.com

174 © Wiskerke | Alamy

178 © Stephen Saks | Getty Images

184 © zimand | Shutterstock.com

188 © Imperial War Museums (FIR 9263)

200 © Gamma-Rapho via Getty Images

203 © US Navy | Creative Commons

204 © Smitt | iStockphoto

214 © AlamyCelebrity | Alamy

索引

タ〜ト

ナ〜ノ

ハ〜ホ

マ～モ

ヤ～ヨ

ラ～ロ

ワ